魚はどこに消えた？

崖っぷち、日本の水産業を救う

片野 歩
Ayumu Katano

ウェッジ

はじめに

皆さんにとって日本の漁業や水産業とは、どのようなイメージでしょうか？

水産資源の減少による水揚げ量の減少、高齢化と後継者不足による漁業従事者の減少、必ずしも充分でない収入、魚離れによる消費の減少等のマイナスイメージが強く、衰退していく一次産業の象徴という感が否めないのではないでしょうか？　残念ながら、これらはすべて当てはまっており、統計上の数字にもはっきり表れています。

しかし、こうした状況は日本特有のものであり、実は世界の潮流とかけ離れているのです。筆者には、ちょうど欧米で産業革命が進んでいたときに、日本が鎖国中で世界情勢を知らなかった状況に似ているように思えます。それほど、多くの日本人が理解している水産業と、世界の水産業の現状は異なっているのです。そして驚くべきことにその事実はほとんど知られていないのです。

必ずしも世界各国の水産業がすべて成長しているわけではありませんが、成長している国と衰退している国には、それぞれはっきりした共通点があります。

成長を続ける国は、科学的な根拠をもとに漁獲できる数量を漁業者や漁船ごとに決めて、それを厳格に守って漁業を行っています。詳しくは後述しますが、これを専門的には「個別割当方式」と言います。これに対し、禁漁期や漁法の制度を設ける等の入口規制はしているものの、肝心の資源量の把握や、資源を持続させるために必要な残すべき資源を考慮した出口規制が不十分で、必然的に資源が減少を続けてしまう管理方法があります。これを早いもの勝ちの漁獲方式、「オリンピック方式」と呼びます。

後者の状態を続けると、魚が獲れなくなるだけでなく、小型の魚が多くなって売れず、また価格も安くなってしまうのです。これが、「獲れない、売れない、安い」という漁業者にとって最悪の事態を引き起こします。オリンピック方式は良くないとは分かっていても、小型の魚だからと見逃しては、他の漁業者に獲られてしまうだけです。結局は、獲れるだけ獲ることになり、水産資源にとってさらに良くないことを繰り返すばかりなのです。

筆者は、輸入業者という立場で買付けの最前線に立ち、世界の水産業を見てきました。特に今や世界第2位の水産物輸出国（第1位は中国）であるノルウェーには20年以上毎

図1　日本の漁業・養殖業生産量の推移

日本の推移だけ見ていると、世界の水産業全体が衰退しつつある産業と誤解してしまいます。

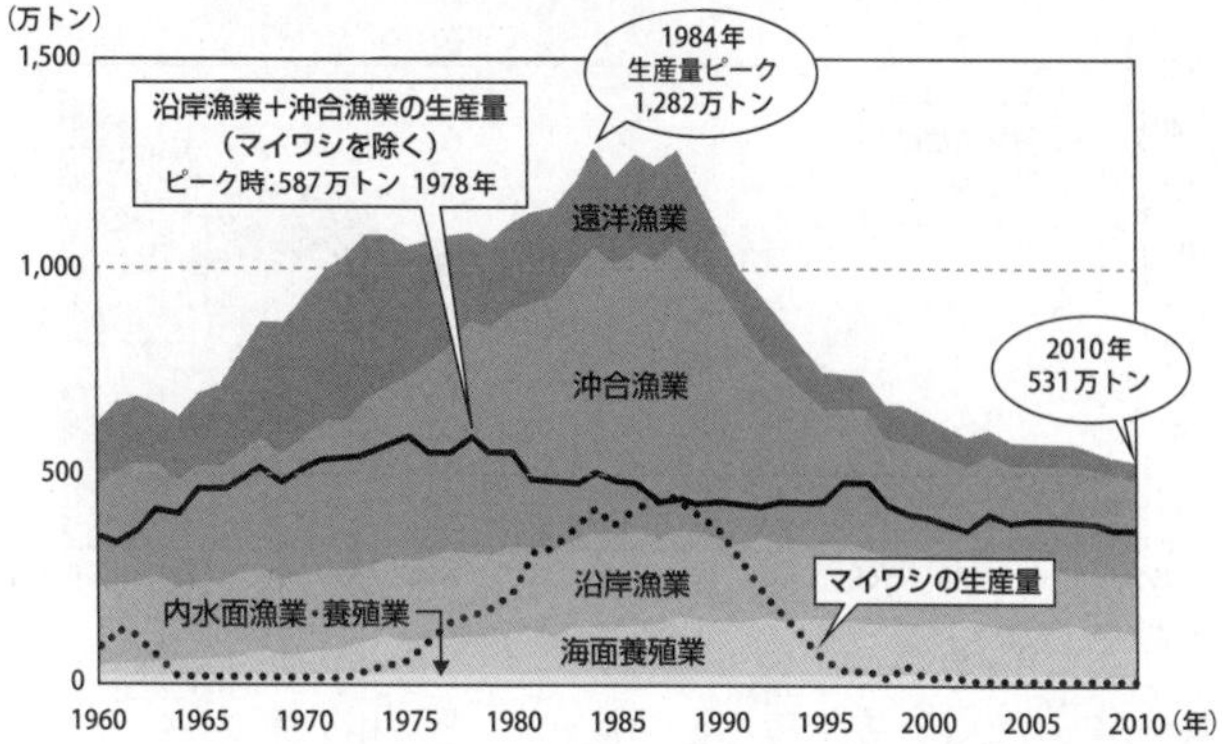

（出典：農林水産省「漁業・養殖業生産統計」資料より作成）

年訪問し、その成長と成功を見続けています。そこで冷静に日本の水産業と比較したところ、水産資源の管理政策にはっきりとした、かつ致命的な違いが随所に見られ、それが「成長」と「衰退」を決定づけていたことに気が付きました。その主な違いが、前述の「個別割当方式」と「オリンピック方式」なのです。

日本の漁獲推移表（図1）を見ると、日本の水産業は、水揚げ量の減少とともに衰退していくイメージでしょう。これをノルウェー、アイスランド、デンマークといった北欧諸国の水産関係者に見せると即座に「乱獲」を指摘します。一方

図2　世界水産物生産量推移（1950～2011年）

世界全体の水揚げ量は右肩上がりの上昇を続けています。

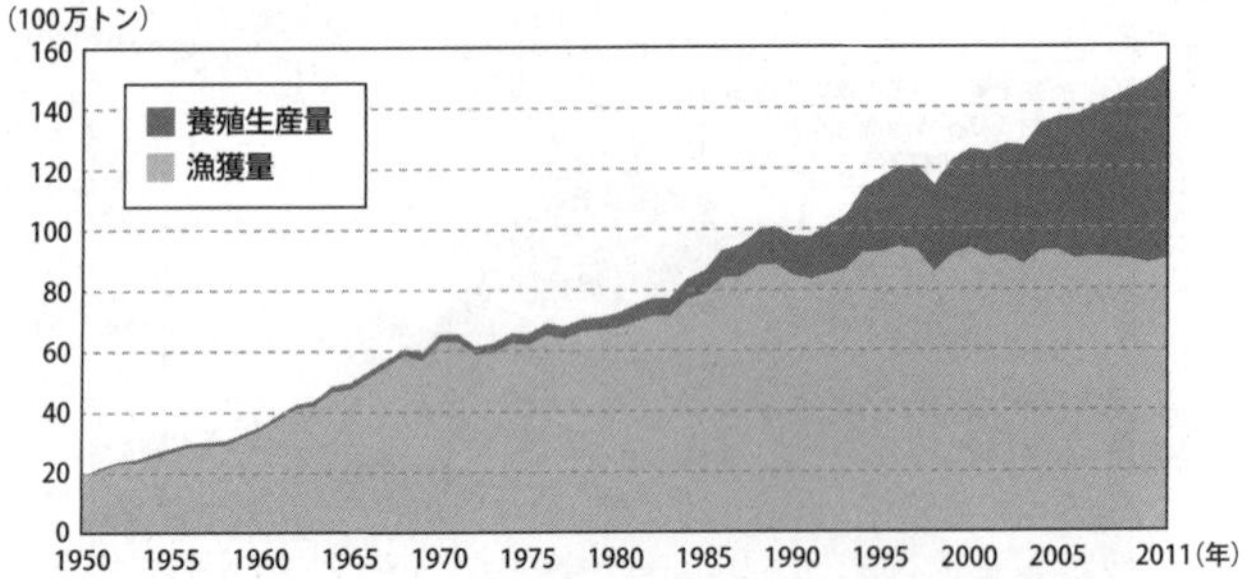

（出典：FAO 国連食料農業機関）　注）藻類を除く。

で、世界全体の推移は図2の通りで、減少している日本の数字を加えても、世界全体では右肩上がりに増加しています。そして、実際には、世界全体の供給より需要スピードが速いために、買付け相場の上昇が起こり、買付けができない「買負け」という現象が起こっているのです。

水産業で成長を続ける国々の現状は、「水産資源の安定と増加」「労働環境の大幅改善」「若者にも人気がある産業」「高い収入と長期の休暇の実現」「世界の水産物需要増と魚価高を背景とする安定した成長」……など、日本とは全く対照的なイメージとなっています。

日本は終戦直後100万人以上いた漁業就業者が2013年現在20万人を切り、かつ高齢化が進み60歳以上が5割を超えるという世界でも例外的な国になってしまっています。一方世界全体では、漁業従事者の数は増えています。全体で５４８４万人（２０１０年）となり、天然と養殖の従事者の比率は約7対3です。内訳としては、天然の水産物を漁獲する漁業者は、３８２７万人で２００５年比４％の増加となっている一方で、養殖業者は１６５７万人と、同年比で31％増加しています。従業者1人に対しておよそ３～４人分の２次的雇用が創出されると仮定し、さらにそれぞれの有職者が、平均して３人を扶養していると仮定すれば、漁業や養殖に携わる人と彼らにサービスと商品を提供している人々は、世界人口の10～12％に相当する６億６０００万～８億２０００万人もの生計を支えていると試算されています（ＦＡＯ＝Food and Agriculture Organization：国際連合食糧農業機関資料 より）。残念なことに、日本では水産資源の減少とそれに伴う水産業の衰退で、かつて大漁でにぎわった水揚げ地が地域社会ごと衰退してしまっているのです。

このように、明らかな違いを見せる日本と世界の水産業。本書では、筆者の見聞をもとに、まさに崖っぷちの日本の水産業を救うにはどうしたら良いか、読者の皆さんとともに考えたいと思います。

目次

◎魚はどこに消えた？　崖っぷち、日本の水産業を救う◎

第2章 なぜ日本は負け組になっているのか

第3章 知られざる世界の水産業

第4章 日本の水産業は必ず復活できる

凡例

- 本書は、WEDGE Infinityに連載中の「日本の漁業は崖っぷち」(2012年5月～2013年5月) を、単行本化にあたり大幅に加筆・修正を施してまとめたものです。
- 本書内に登場する方々の所属先名称や肩書きは、著者が資料や情報を提供していただいた当時のものです。
- 本書内に明示する主な価格表示、ドル、ノルウェークローネ、アイスランドクローネの為替レートは、1ドル=100円、1ノルウェークローネ=16円、1アイスランドクローネ=0.8円で表記しています。
- 本書内で掲載している写真は筆者が撮影したものです (80ページの写真を除く)。

第1章

待ったなし！の日本の水産業

国民が知らない日本の水産業の大問題

農林水産省のホームページ（2000年7月）に、こんなやり取りが残っていました。小学生からの「漁獲量が減少している理由をおしえてください」という質問。それに対する同省の答えは次のようなものでした。

「漁獲量が減少しているおもな理由は、いわし漁の大幅な減少と遠洋漁業の減少です。いわしの漁獲量が減少した原因は、海水の温度が少し高くなったのではないかといわれています。また、遠洋漁業の減少は、過去においては、日本の漁船は外国の近海まで行って魚を捕っていましたが、外国の人も自分達で魚を捕ろうということになり、日本の漁船は、外国の近海で魚を捕りにくくなったことが要因となっています」

海外の水産業のことをよく知らない人にとっては、全く違和感のないやり取りだと思います。これに、中学校で使用されている地図帳にも出ているグラフを合わせてみると、日本の水産業は衰退している産業という、すでにある漠然としたイメージと重なるでしょう。

スペインやハワイの近海からサンマ？

中学校で使用されている地図帳に「世界から集まる日本の食料」という項目があります。ところが、その図には、恐らく20年以上更新されていないと思われる部分がところどころ含まれています。そもそも漁獲場所が正確に描かれていません。例えば、スペイン沖やハワイの近海でサンマが漁獲され、それが日本に輸入されているようにもとれてしまうのです。筆者の経験上、そんなことは聞いたことがありません。また、大量に輸入されてスーパーマーケットなどで販売されている、お馴染みのチリのサケやノルウェーのサバの絵もないのです。その一方で1992年から20年以上禁漁となっているカナダ（大西洋）のマダラ（第3章・図18）の漁場の絵もそのまま描かれているのです。ラスパルマス（スペイン）の日本の漁業基地というのも、日本船がタコやイカを同海域で獲ってにぎわっていたのも、20年以上前のことです。

恐らく学校現場から指摘がなく、改訂もされていないということは、そもそも関心が低いからではないでしょうか？　しかしその一方で、このような世界と日本を比較する図3を見ると、見方が一変するのではないでしょうか。世界の水産物の供給は右肩上が

図3　世界と日本の水産物生産量

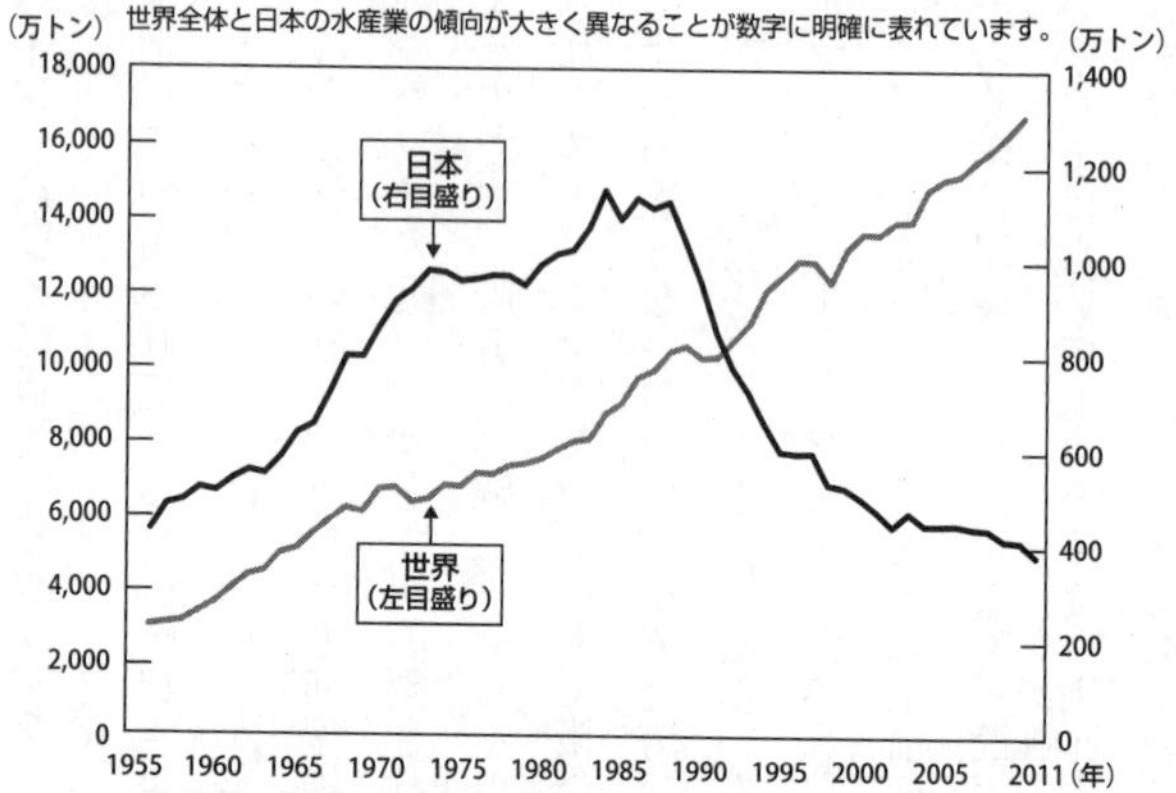

世界全体と日本の水産業の傾向が大きく異なることが数字に明確に表れています。

(出典：国連食糧農業機関、農水省調査資料より作成)

りに増加しているのです。さらに世界の水産物の輸入推移を見ると、水産業は一大成長産業であることが分かります。

デフレと円高で水産物の価格が上がらないことに慣れて（麻痺して）しまっている現状は、ある意味で恵まれていると思います。そんなことを言っても「スーパーマーケットや飲食店では、魚を普通に買ったり、注文できたりもするし、特売だって頻繁に行われている。どこに問題があるというのか？」と考える人も多いでしょう。ところが、世界の水産物の需要は、供給を上回るペースで伸びており、気が付いたら輸入が難しく、「魚が足りない」という事態になりかねない状況なのです。

置き去りにされた日本

水産業に関して記述されている中学校の社会科のある教科書を要約してみます。

「日本では、遠洋漁業が盛んに行われていましたが、多くの国が排他的経済水域を設定して他国の漁業を規制するようになったため漁獲量が減っています。最近の漁獲量は最盛期の半分近くまで減り、水産物の輸入量が増えています。こうした中で漁業の重点は、獲る漁業から育てる漁業＝養殖業へと移りつつあります。また、稚魚や稚貝を放流して増やす栽培漁業の取り組みも各地で行われています」

そしてこの内容をもとに、「昔から漁業が盛んな理由、共通する課題は何か」を考えるようにという課題が出ています。

右肩下がりの漁獲量と輸入量の増加、排他的経済水域（ＥＥＺ＝Exclusive Economic Zone：２００海里漁業専管水域を含む）の設定、遠洋漁業の衰退……。その一方で「世界の水産物の生産量は、日本を例外として伸びている」という驚きの事実。そして力を入れているといわれる養殖物についても、実は「世界の養殖上位国ベスト10では、10年間で平均９％の成長率。マイナス成長は日本だけ」なのです（ＦＡＯ資料・２０１０年版）。

日本の水産業は、いわば世界の中で置き去りにされていると言えるでしょう。そしてそのことは数字にもはっきりと表れています。日本の養殖業は世界で2001年3位（世界4400万トン、日本130万トン）、2008年8位（世界6900万トン、日本120万トン）、2011年12位（世界8400万トン、日本90万トン）と、成長を続けている世界の趨勢とは反対に、日本のそれは横ばいか減少傾向にあるのです。こうした状況はあまり知られていないのが実情でしょう。このままでは世界との差は確実に広がっていきます。

冒頭の質問をするような子どもたちにとっては、このような限られた情報では「200海里漁業専管水域の設定によって遠洋漁業が衰退し、国内ではなぜかイワシが減少、高齢者の漁業者たちは困っている。魚が足りなくなった分は輸入で補われたり、養殖や栽培漁業で補われたりしている」という程度の理解が精一杯かと思います。恐らく社会科の先生ですら、世界で起こっている水産業の現実を知る機会はなく、子どもたちに教えることもできないでしょう。

日本の漁業はなぜ衰退しているのか

『水産白書』（2010年版）に「今後、漁業や漁村を活性化させるために推進すべき取組（複数回答）」というものが出ています。漁業者からは「特産物の創出、ブランド化等による販路開拓・漁業振興」が82・5％、「漁業と観光業との連携（朝市、直売所、宿泊施設等）」が77・1％となっています。また「漁業の魅力・やりがい」という項目については、「自分の努力（技術）次第で収入を増やせる」が56・0％、「自分のペースで働くことができる」が18・5％となっています。

これらのデータから分かることがあります。それは、肝心の、日本の漁業が衰退している原因に対する分析が欠落していて、「漁は腕と根性が物を言う世界。たくさん獲って販売は何とか工夫しよう」といったようなレベルの理解になっているということです。

しかし、このように理解されてしまう原因と責任は漁業者にあるのではなく、日本の水産業の課題や問題が、情報として正しく伝わっていないためではないでしょうか？欧米では、持続性がある水産資源に対する社会的な関心が高いのに対して、日本ではその意識が希薄であるのは、教育や情報不足にも一因があるからではないかと思います。

もっとも前述のように、情報入手自体が困難であると推察します。本書では、冒頭でも述べたように、筆者が20年以上にわたり水産資源買付けの現場で見聞してきた、北欧ほか北米、ニュージーランド等の漁業の現状を読者の皆さんに伝えることで、こうした情報不足を補い、日本の水産業の問題点、課題、改善策について考えたいと思います。

「世界最大の漁業国」からの転落

日本は、世界第6位の広さの排他的経済水域（ＥＥＺ）を持ち、１９７２〜１９８８年の実に17年もの間、世界最大の漁業国でした。それが１９８４年の１２８２万トンをピークに水揚げ量が減少し、２０１２年は４８４万トンと５００万トンを下回り、その後も減少を続けていく傾向にあります。

国内の水揚げ量の減少は、買付けによる輸入で補われてきました。ちょうど１９８５年のプラザ合意を機に円高が進み、かつ他の国々との買付け競争などもほとんどなく、輸入量は順調に年々増加していきました。

買付けに関しては日本の一人勝ちで、日本の基準が水産物の世界の基準になっていったといっても過言ではないでしょう。輸入業者は、北はノルウェー・アイスランド・北米、南は東南アジア・アフリカ・南米・オセアニアと、世界中をくまなく探し回り、多くの価値を創出しました。ニシンの卵である数の子やアンコウの肝など、もともと廃棄されていたものが、日本人のアドバイスにより付加価値がつき、地域社会や経済にも貢

図4　世界の一人当たり食用水産物年間消費量の推移

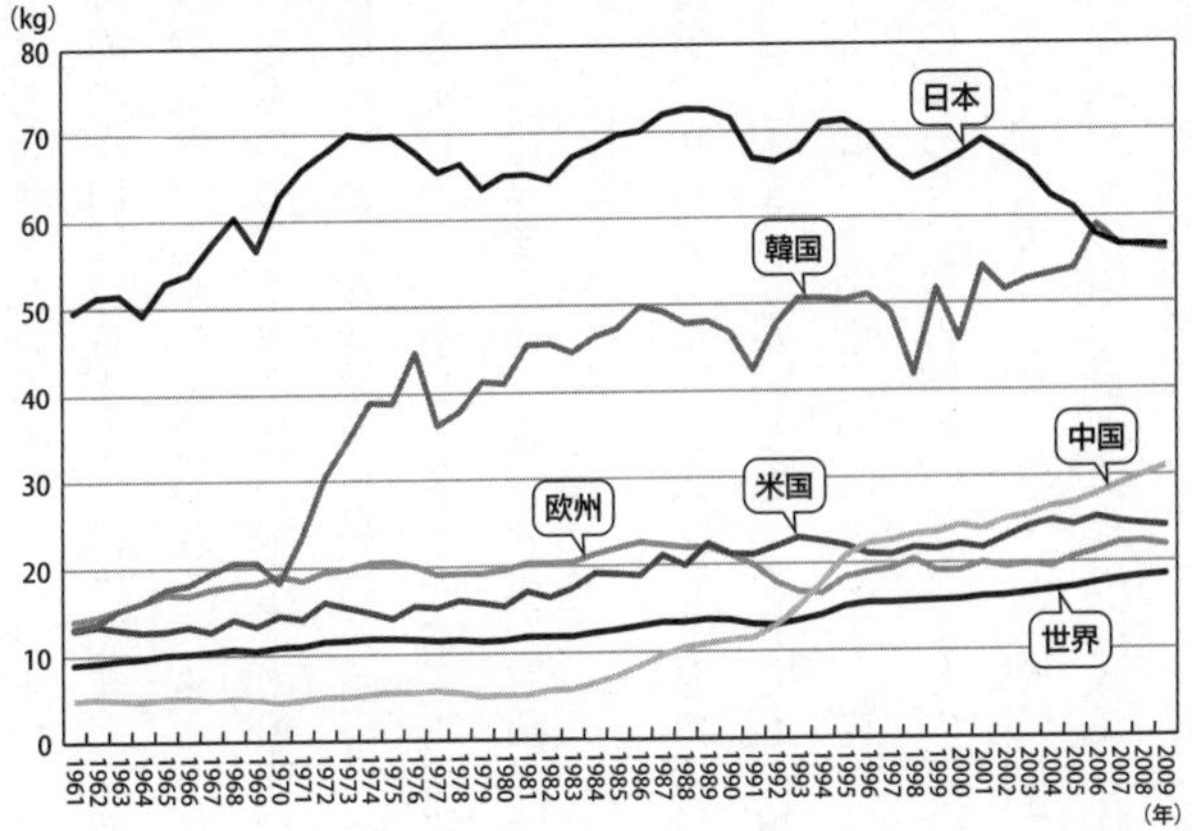

（出典：FAO統計データベースより作成）

献してきています。

「買負け」より深刻な事態

　しかし、順風満帆に見えた買付けによる水産物の輸入は大きな転換期を迎えています。世界の水産物需要の増加で、他の国々と競合するようになったのです。すでに日本の輸入数量は２００１年の３８０万トンをピークに年々減少し、２０１２年は２７０万トンまで減少しました。それに比べ、世界の水産物供給量（輸出入等を勘案した消費量）は、１９６１年の一人当たり９・０キログラムから２００９年には18・５キログラムと大幅に増加しています（図４）。円安傾向が続けば輸入量はさらに減少していくことでしょう。

世界の人口は2011年には70億人を超えて増加を続けています。さらに2050年には93億人に達すると言われています。日本の一人当たりの水産物の需要は減少が続いているものの、世界全体の水産物の需要は確実に増加することでしょう。

「買負け」という言葉が出始めた頃は、実際には価格を上げれば玉（＝水産物）の確保はできました。しかし、各国の水産物需要の増加に伴い、事情は大きく変わってきています。このままでは、近い将来「買負け」というより、必要な水産物の確保自体が難しくなってしまうのです。

買負けが始まる前の輸入業者としての日本の立場は、非常に強いものでした。日本としては、国産より安いと思っていても、輸出国側としては「そんなに高く買ってくれるのか！」という価格だったのです。買付け競争というのは、日本の輸入業者間で行われるものであり、他の国のバイヤーとの競合は気になりませんでした。買付けに際しては、見た目が良くサイズの大きいものや、脂がのった良いものを日本が最初に買取り、残りが他の国やその国の自国消費用に販売されていくのが普通だったのです。輸出国は、販売価格が高くかつ支払いにおける信頼も高い日本にまず販売しようと考え、さらに日本に販売しているという実績は商品の品質が高いことを意味し、ステイタスだったのです。

奪われた主導権

ところが、状況が変わってきました。日本以外の国々の購買力が高まり、日本向けの販売価格と変わらなくなってきたのです。また、新規参入国のバイヤーは、水産物の品質の違いが分かっていないことが多く、日本なら買わないような品質のものでも日本と同じ価格で買わされてしまいます。すると輸出業者は、日本側に「どこそこの国では、この品質でも日本と同じ価格を支払っても買いたいと言ってくるので、日本向けの品質が良いものについては価格をさらに上げたい」と言ってきます。

実際には、品質があまり良くないものを高値で買わされて、それをその国の市場で順調に販売できるほど甘くないのですが、需要そのものが増加しているという背景もあります。それで結局は何とか販売できてまた買付けに来たり、同じ国から新たな別のバイヤーが来たりするので、売れ残った良いものを日本が安く買える機会は滅多になくなりました。それどころか、まず日本側に紹介して良いものを選んでもらうという形すらなくなり、はじめから各国に割り振ってから、オファーが来たものに対してＹｅｓかＮｏ

を求めるタイプや、オークションにかけて高値で売る等、日本側にはすっかり主導権がなくなっています。他国の輸入量は毎年伸びているので、ほとんどの主要水産物において、日本向けの比率は減少を続けているのです。

「国際的視点」を欠く日本の水産業

最前線で各国と買付け交渉をしていると、いつまで今までと同じように水産物を買付けできるのか、と思わずにいられません。日本は2008年時点では、金額ベースで世界最大の水産物輸入国でしたが（数量での世界最大は中国）、その後、各国が水産物輸入数量を増加させているのに対し、日本は減少しています。そのため2010年の輸入金額は米国に抜かれて第2位となりました。輸入上位10ヶ国の平均伸び率は7・8％なのに、日本だけがマイナス0・4％となっています。輸入数量が減少すること自体は仕方がないことだと思いますが、これに加え水揚げ量も減少している状況が続くと、近い将来どのようなことが起きるのか、ということです。つまり魚が足りなくなるのです。

日本人にとって海や水産物は非常に身近なものです。しかし一方で、国際的な視点で日本の水産業を捉えている情報源はほとんどありません。

日本の水産業が歩んだ衰退への道のり

では、そもそも日本の水産業はなぜ衰退の道を辿ることになったのでしょうか。

日本の水産業の衰退は、①米国が1976年に200海里漁業専管水域を制定したことによる海外の漁場からの撤退、②厳格な漁獲枠（TAC＝Total Allowable Catch：漁獲可能量 ※あらかじめ漁獲可能な量を決めて、その範囲内で漁獲を行う取り決めのこと。詳細は後述します）の設定なき早獲り競争の継続、③国内水揚げの減少および買負けによる輸入減のため取り扱い資源量が減少、が主な原因と考えられ、これに水産物の消費減退が加わり「売れない、獲れない、安い」という、水産業を通じて発展を続ける世界の国々と真逆の道を辿っています。

戦後、日本の水産業は世界の海への進出を急速に進め、食料供給を通じて日本社会に大いに貢献しました。1930年時点では、世界36ヶ国のうち、米国・英国・日本を含む半分の18ヶ国が領海3マイル主義を採り入れ、その18ヶ国で世界の総船舶数の80％が所有されていました。しかしながら1945年の米国のトルーマン宣言をはじめ、大陸棚やその海底資源、そして水産物、各沿岸国は徐々に海も自国の領土として主張し始めました。領海は3マイルから広がりを見せ、やがて12マイルとなりました。チリ・ペルー・エクアドルのように1952年の時点で領海200マイル宣言をする国も出てきました。各国が領海拡張をしていく流れは、遠洋漁業を拡大していく日本と相反するものでした。

古き良き時代

戦後日本の水産会社は、北米・南米・旧ソ連・アジア・オセアニア・アフリカ・南極と世界中の海へ大船団を送り出し、各地に漁業基地を作り、遠洋漁業は大いに栄えました。八戸《はちのへ》、函館、下関などの水揚げ港には、多くの若者たちが船員として雇用され、漁船に乗って旅立って行きました。大洋漁業（現マルハニチロ水産）の記録によると、漁船船舶は、1960年時点で771隻、総トン数は実に19万639トンと出ています。船員約4000人、捕鯨船35隻、トロール船25隻、巻網船59隻、手繰り船198隻……。その後、船員は1971年には約7000人まで増加し、漁船の総トン数も1964年には25万9524トンまで増えました。当時の古き良き時代を知る人たちの話は明るく、夢がありました。将来性と高い収入が若者を惹き付けていたのです。

栄えていたのは、漁業だけではありません。造船及びそのメンテナンス業、漁具、魚を保管・運送するための冷蔵庫や物流業、水揚げされた水産物を処理する加工業、販売を担う荷受、問屋業も恩恵を受けました。釧路、八戸、気仙沼《けせんぬま》、塩釜、石巻、銚子《ちょうし》、下関、長崎などでは多くの雇用が生まれ、それに加え、そこで働く人たちの家族のための住居、学校、銀行等、水産業などの関連事項を挙げると、きりがありません。

衰退への転機

しかし、良い時代は長くは続きませんでした。

日本の漁業は歴史的に、その卓越した漁獲能力故《ゆえ》に「攻めの漁業」という特徴があります。ところが米国の１９７６年の「２００海里漁業専管水域」の制定により、日本の遠洋漁業は世界中の海から追い出され、自由に魚が獲れる漁場が狭まったことで衰退が始まったのです。水産会社はジョイント・ベンチャーという形で、米国やニュージーランド等の国々と合弁会社を作り、何とか漁業を続けていきました。しかし、当初は高い水産技術や漁船を持つ日本が必要とされましたが、技術が合弁先の国々に蓄積され始めると、日本のような外国の役目はなくなりました。結局は、自国の力でできる産業は自国で行った方が良く、しかもそれが利益と雇用を生むのであれば、なおさら日本のような外国は徐々に排斥されてしまうのです。意外に思うかも知れませんが、未だに古くても性能が良い旧日本船が、外国船籍に変わって世界中の海で漁業を続けています。

そして水産物の輸入は、1970年代後半から増え続け、ピークは1997年の1兆9000億円でした。その後は減少傾向となり、2012年には1兆5000億円とピーク時に比べて約2割減少しています。この数字は、全国の中央卸売市場の売上減少傾向と類似しています。農林水産省によると、全国の中央卸売市場の取扱額は、2010年度時点で2兆円弱と2000年に比べ3割以上減少しています。輸入品と国内水揚げの双方が減少を続けることで取り扱いが減少し、全国の水産卸売市場も厳しい環境が続いているのです。

深刻な水揚げ金額の落ち込み

1977年の200海里漁業専管水域の設定後、国内での漁業枠（TAC）なき水揚げが一時的に増え、そして大きく減少していきました。現在水産業で成長を続けているノルウェーやアイスランド等多くの国々は、200海里設定以降にTACを設定したり、TACを漁業者や漁船ごとに設定する個別割当制度（※詳細は後述します）を導入し、本格的な資源管理政策を実施してきました。その一方で漁獲枠（TAC）も個別割当もない日本は資源を減少させながら衰退していきました。一例を挙げると、東シナ海の巻き網漁が1990年代半ばのピーク時で、約80万トン。2012年では4分の1の約20万トン、同海の底引き漁（通称：以西底引き漁）は1970年代後半まで20万トン、2012年は10分の1の2万トン未満となっています。必然的に全体の水揚げ量が減少し、また魚の小型化で水揚げ金額も減少していくため、どの漁場も厳しい状態が続いています。

また魚種別では、サバ類（マサバ・ゴマサバ）の水揚げ量は、1968~1980年がピークで毎年100万トン以上あり、サイズも中・大型でした。100万トンという水揚げ量は、ノルウェーを含む北欧海域の沿岸国全部（ノルウェー、EU、アイスランド、フェロー諸島）の2012年の総水揚げ量とほぼ同じです。この数量を超える水揚げを日本だけで出していたのですから、いかに莫大な量であったかが分かると思います。

しかし2002~2012年の10年間の平均水揚げ量は47万トンで、大きく育つ前の魚を獲ってしまい、かつ中・大型に比べ価値が下がる小型の割合が主になっています。小型ゆえに、餌用に向けられる割合が約3割となり、浜値（水揚げ地で取引される値）は上がりにくくなっています。これとは対照的に、ノルウェーでは個別割当制度により、餌用になるような小サバや脂がのっていないサバは獲らないので、ほぼ全量が価格の高い食用に回っており、水揚げされるサバの単価は大きく異なっています。２０１１年のサバの水揚げ量と単価は、日本が33万トン（キロ89円）で約２９０億円の水揚げに対して、ノルウェーが30万トン（キロ１９３円：12・06ノルウェー・クローネ。以下ＮＯＫ）で約５８０億円となっており、水揚げ金額は数量×単価なので、ほぼ同じ水揚げ量にもかかわらず漁業者の収入は大きく異なり、ノルウェーの方が２倍の約２９０億円分も多いことになります（ノルウェーの水揚げ量には英国・アイルランド等の漁船が水揚げした分を含む）。どちらの漁業が儲かっているかは言うまでもありません。

日本が頼る「輸入」という手段

マイワシの水揚げは１９７６〜１９９４年がピークで、平均２９０万トンもの巨大な水揚げがありました。その後、２００２〜２０１２年の10年間の平均水揚げ量は７万３０００トンで、２０１２年は13万４０００トンと増えてはいますが、今後も増加を維持できるかどうかはマイワシの適正な資源管理の実施の有無にかかっています。せっかく資源が増加傾向にあるのに、漁獲枠の制御がなされておらず、水揚げの上昇に伴い漁獲枠も連動して増えるという、日本独特の政策に変わりはありません。ノルウェーをはじめとする資源管理国であれば、資源減少を予防するために漁獲枠を増やさず将来を考えた資源管理をすることになるでしょうが、残念ながら日本ではそのような徴候は見られません。逆に水揚げ量が増加してくると漁獲枠を増やそうとします。

マイワシは、養殖の増加により世界的に需要が増え、価格が上昇しているフィッシュミールにも利用できる魚です。日本は、ペルーが資源管理をしているカタクチイワシを原料とするフィッシュミールを輸入しています。ミール価格は、ペルーが設定する漁獲枠（TAC）の増減により影響を受けています。日本もイワシの資源管理をしっかり行っていれば、世界に向けてフィッシュミールを輸出できただけでなく、国内の養殖業者に対しても輸入に頼らずに自給自足で餌を提供できたはずです。日本には豊かな漁場と水産資源がありましたが、漁獲枠も個別割当制度もきちんと整備してこなかったために、資源は大きく減少し水揚げ地は衰退を続けています。こうなったのは、決して環境の変化といった偶然ではなく、必然の結果だったのです。水産物の減少は「輸入」により補填されてきました。1985年のプラザ合意により円高が進んだことも、輸入にとっては大きな追い風となりました。

予期せぬ「買負け」の始まり

ところが、1990年代後半以降になると、様子が少しずつ、しかし確実に変わってきました。1990年代前半頃までは、海外から買付けを行う際の競争相手は、同じ日本人でしたが、米国・旧ソ連・東西ヨーロッパ諸国など、各国の輸入業者が年を追うごとに増えていったのです。初めは日本人が品質的に買わないものを少し安く買っていくアウトレットのバイヤーのような存在でしたが、次第に良質なものも買い始め、日本より高値を出して買うケースも出てきました。いわゆる日本の「買負け」の始まりです。

買付け先は、当然1円でも高く買ってくれるところに販売しようとします。メロ（銀ムツという名でも売られている）のような魚はすっかり、米国や中国をはじめとする海外勢が主導権を握り、日本は身の部分をほとんど買えず、価格が安いカマの部分を何とか輸入しているという現状は、一般には知られていないと思います。

日本では国内生産と輸入品で約800万トンの水産物が供給されていますが、年々その供給が減少しているものの、消費者の魚離れで水産物の消費が減少しているので、奇妙なバランスが取れ、魚の供給が減ったとか、価格が上昇したという感覚はほとんどないと思います。しかし、海外の水産物需要はさらに増え、日本への供給は減少する傾向にあります。コールドチェーンの普及による冷凍水産物の流通が飛躍的に伸びていくことが予想される中国や、人口増加が著しいインドでの水産物需要の増加といった需要サイドの変化、そして、買付け競争の前提である「円高」が「円安」へと傾くと、たちまち日本への輸入水産物の供給量が激減し、「足りない」という状況になっていきます。今後いつその悪い事態が現れてもおかしくないのです。

２０１１年の世界の水産物総生産量はＦＡＯの発表によると、前年比６％増の１億７８００万トンとなり、10年連続で過去最高を更新しています。なかでも漁業生産は４年ぶりに前年を上回り、養殖は１９６１年以降成長を続けています。国別では、漁業・養殖ともに中国が首位。日本は漁業で前年の5位から7位へ、養殖で9位から12位に順位を落としました。また農林水産省から発表された、２０１２年の漁業就業者数（岩手、宮城、福島の3県を除く）は、17万３６６０人で前年より４２１０人（２・４％）減少しています。60歳以上の漁業者が占める割合は、前年より０・９％増加し、51・５％と過半数を占めています。海面漁業（遠洋漁業、沿岸漁業、海面養殖業の総称）の経営体数は約9万で、このうち個人経営体は95％を占めています。経営体数も前年比で２・５％減少しています。水揚げが減少し高齢化が進んでいく。客観的に見て非常に厳しい産業になっていることは誰が見ても明らかです。

『水産白書』が認めない大きな間違い

ところが日本の『水産白書』(2011年版)に次のようなコラムがあります。

「米国ワシントン大学のヒルボーン教授らは、世界44か国の130種類の共同管理(co-management)漁業について分析した結果を2011年1月、科学雑誌ネイチャー(電子版)に掲載しました。この論文では、資源管理の成功には、地域をまとめるリーダーの存在や社会的連帯の存在等が大きく貢献しており、共同管理が世界の漁業問題の有効な解決策となり得るとしています」と紹介し、「我が国においては、古くから漁業者が地先海面の水産資源を共同で管理しており、その基本理念が現在の漁業制度に引き継がれています」と続けています。しかしながら、先に説明したように、世界の水産物の供給が年々増え続けているのとは対照的に、日本は水揚げ量の減少が続いています。

日本は世界第6位の広大な排他的経済水域(EEZ)を持ち、世界3大漁場の一つを有する、しかもFAOによれば世界で最も生産性の高い水域であるという地政学的な条件は変わっていないにもかかわらず、水揚げ量と水揚げ金額が減少を続けているのは、根本的に大きな間違いがあるだろう、と気付くはずです。海の広さが変わらないのに魚の水揚げが大幅に減ってしまったのです。「世界に評価されている」という認識を持ち続けるだけで、果たして日本の漁業は本当にこのままで良いのでしょうか？

そもそも米国の資源管理は、個別割当により、漁業収入が増加、1隻あたりの漁獲高が3倍弱にもなったパシフィックホワイティング（タラの一種）をはじめ、資源が安定し水産業に貢献しているという結果が出ており、2012年には漁業対象528魚種全てにTAC（漁獲枠）を設定する政策を出しました。2013年の同魚の親魚の資源量は150万トンと20年ぶりの高水準となる数字が算出されています。

米国の資源管理は共同管理などではなく、政府主導の厳格な資源管理政策に基づいて漁業を持続させています。水産業で成功している多くの国々は、とっくにやり方を変えています。早急に日本も変えていかなければなりません。

「昔は良かった」漁業

北海道から九州にかけて13人の漁師の話をまとめた『聞き書き　にっぽんの漁師』（新

潮社）という本があります。２００１年の出版なので、ノルウェー式の個別割当など資源管理の重要性に関する話題が出る前のものです。

著者の塩野米松さんは、13人の聞き書きを終わったときに、背筋が寒くなるような日本の現実が浮かんできた、と言います。13人全員が異口同音に言ったことは、「今の人は大変だな。昔は良かった」ということでした。会った人のほとんどは後継者がおらず、その訳を聞いたところ、「漁業では食べていけなくなった。食えない仕事を継がせる親はいない」という答えでした。すぐそばに海があっても漁師のなり手がいない。「昔は良かったが、魚が獲れなくなったので後継者はいない」という状況なのです。

少し長くなりますが、秋田県のハタハタ漁が１９９２年から3年間禁漁になった際の様子は、日本の漁業が直面していた当時の状況をよく伝えているので、ここに引用したいと思います。

「一番だめだくなった（捕れなかった）のは禁漁さ入る二、三年前から禁漁の前の年だ。周期で捕れないってことはあったが、あの時は、それではないと思うな。そういう海になってしまったんだな。しからば、なぜそういう海になったかと訊かれたって、われわれの商売のせいだけではねえんだ。やっぱり、環境が変わってきたんでねえですか。（中略）漁師もバカなもんだから、買う人が来るもんだからってなんぼもハタハタ揚げて、買い手がいねくなるほど捕ったんだ。最終的に何としたかってば、傷《いた》んでしまって、海さ投げたもんだ。いま思えば、まあ、魚がいなくなったのは罰《ばつ》よ。いまの言葉でいえば乱獲だったんだ」

「禁漁になる前の年なんかはほとんど揚がらなかった。（中略）その時行政のほうで、これではだめだから休んだらどうかという話はあったなや。三年間の禁漁をやりますよって、私ら漁師が自分で『禁漁にしましょう』って旗揚げてやったことでにゃあだ。行政はそのとき、猛反発にあったんだ。まあそういうこともあったんだが、それはそれとして、私らは身を削って、まず犠牲になったようなかたちでよ、禁漁三年間やったんだ。（中略）禁漁に当たってある程度補償金はあったけれどもよ、僅かなものだ。（中略）いずれにしろ、それで三年間禁漁したが、解禁後は、今度捕り放題にするかっていうかっていったら、そうではねんだ。（中略）ハタハタも量的にもある程度増えてきてるんだから、やっぱりある程度は漁師にたいしてもな、もっと恩恵を与えるような対策を組んでくれるんだばいいども、とにかく頭から、管理型漁業だとかって、名称は良い名称を付けてるたって、漁師にたいして何も補償もねえわけだ。今の若い人は気の毒だ。魚はいねえし、腕次第で捕れるってことねえんだから。何ものも規制、規制ってがんじがらめよ」

「それでも後継者はいねえよ。うちも息子はやらねえって。農業と同じで、漁師も若い人にはいい仕事ではねえんだ」

この本で随所に出てくるキーワードがあります。それは「乱獲」という言葉です。漁業者たちは、認めたくはないものの、漁業衰退の原因が第一に乱獲であったことを分かっていたのです。漁具や漁船が進化すれば、一時的に漁獲量が多くなります。資源があるうちは、魚がどんどん獲れて幸せです。水産業も発展します。しかし、この幸せな状態は、決して長続きしません。漁獲の技術的な進化のスピードが、水産資源が回復するスピードを超えた時点で、水産業のあらゆるバランスが水産資源の減少とともに崩れていきます。獲れる魚の量が減れば減るだけ無理に魚を獲ろうとし、魚が卵を産める大きさに成長する前に獲り尽くしてしまうのです。このようなことをすれば、逆に魚がいなくなって自分たちを追いつめることを漁業者は知っているのです。しかし、その責任の所在を、環境の変化に求めた場合、原因が曖昧にされ、魚を無意識に獲りすぎた加害者（＝漁業者）が被害者に入れ替わってしまうのです。

しかしこれは、有効な資源管理の政策を行わなかった為政者に責任があり、漁業者は加害者である一方で被害者でもあるのです。水産資源を持続的に利用できるような自主管理・共同管理が日本全体の水揚げに占める割合はほんのわずかに過ぎません。

最大の原因は「乱獲」だ！

魚が減った最大の原因は「乱獲」です。しかし、「環境の変化」という魔法の言葉で、実際に社会的に認識されている原因は曖昧になっています。漁師たちは、せっかく禁漁に協力して魚が増えてきたのに、解禁されても漁獲に制限がある、と不平を言います。

乱獲をして資源を減らしてしまったという自覚が希薄で、禁漁による経済的損失の方が先に立ってしまいます。実際に資源が回復したかといえば図5からも分かるように、かつて1960年代には2万トン前後水揚げされていたものが、2000年以降は3000トン前後の水揚げとなっています。諸外国の例を見ると、1万トンくらいの水揚げを持続できるようになって初めて本当の回復と言えるレベルかと思います。世界の資源

図5　秋田県におけるハタハタ漁獲量の推移

乱獲で資源は激減。その後、禁漁期間を設けて漁は再開しましたが、道半ばのようです。
（73ページ図11と比較）

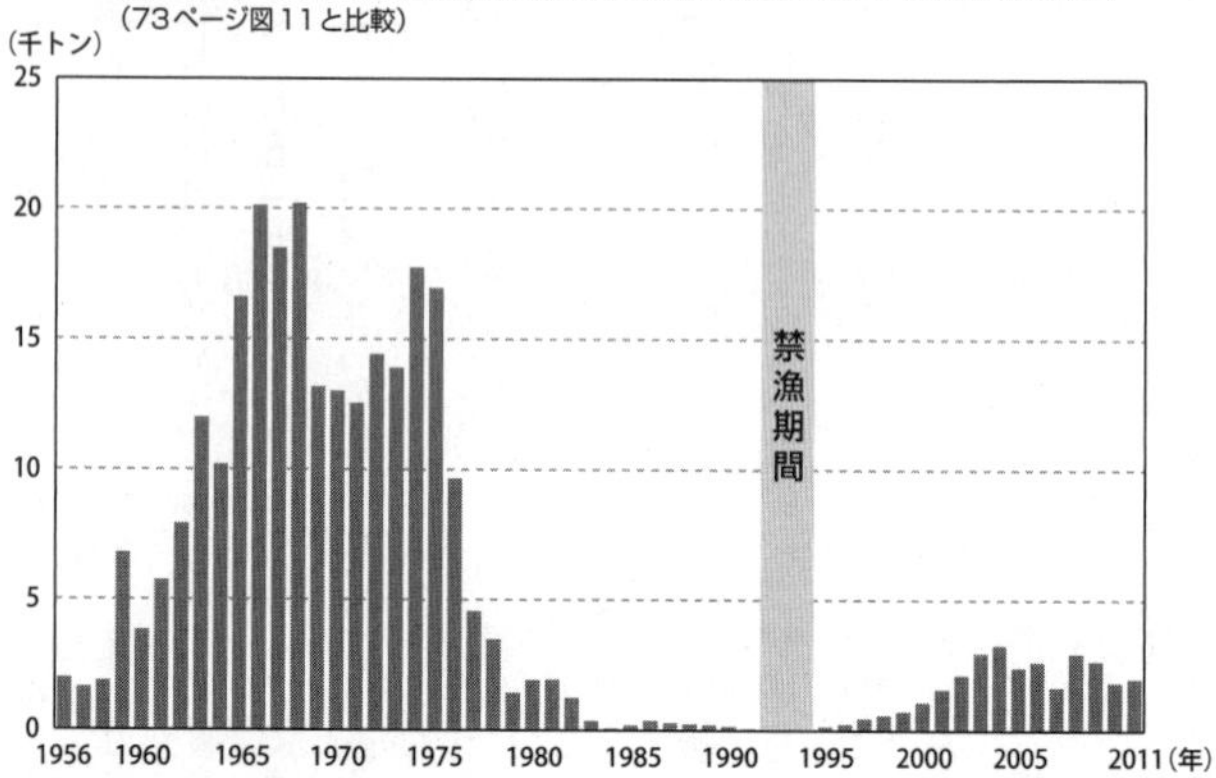

（出典：総務省統計局データより作成）

回復の成功例が漁業者にきちんと知らされていれば、漁獲に対して今とは異なった考えを持ったに違いありません。漁業者の子どもたちも漁業に将来性を感じ、後を継ぐ可能性があったかも知れません。

前掲書から再び「不漁」に対する各地の漁業者のコメントを要約して列記します。

- 「獲る人は獲らねばならないのだから、自分では制限が難しい。獲らせるほうがもっと指導をしなければ。小さいサンマは捨ててきた。なぜそういう乱獲をさせるのか、獲る人より獲らせる方がしっかりしないからだと思う」（岩

手・サンマ）

- 「魚は減っている。やっぱり乱獲、それから沿岸の汚染」（石川県）
- 「魚が減った原因は乱獲です」（瀬戸内）
- 「資源は減ってきているね。魚体も今年は特に小さい。秋に網漁をして稚魚を網で獲ってしまっている」（土佐・カツオ）
- 「日本中魚が減っているのかなあ。やっぱり獲りすぎでしょうか」（福岡）
- 「小さなイカを釣っても捨てないといけないので、罪の意識を感じます」（対馬・イカ）
- 「漁獲量が落ちるのは当然です。卵を産んで魚が成長するよりも、人間の技術の方が上、魚は毎年減少傾向になるわけ」（沖縄）

このように漁業が衰退していくパターンは、だいたい日本中どこでも同じであることが分かります。「はじめのうちは魚が多いので、魚は獲れる。そしてもっと獲るために漁具が進化していく。漁業者はどんどん投資してもっと魚を獲ろうとする」。ここまでは右肩上がりで成長が続きます。しかしながら時間の経過とともに、「資源が減り始めて、魚が小さくなり価値が低い魚が増える。卵を産める大きさに成長していない魚でも、獲り続けるため水揚げ量はさらに減少し、水揚げ金額も減少していき、そして『獲れない、売れない、安い』という最悪の状態に陥る」ことになります。最後は、後継者がいないという状態になるのです。残念なことに、北海道から沖縄まで全国の様々な漁場で同じ過ちが繰り返されてきたと推察できます。

長年にわたり悲鳴を上げていた漁業者。誰かにこの状況（乱獲）を止めて欲しいと。しかし、分かっていても止められない。行政が規制をしようとすれば、逆に猛反対してしまう。しかし、現在のやり方がいかに良くないかは、自分たちが一番よく分かっているのです。

裾野の広い水産業

水産業はとても裾野が広い産業です。水産物を獲るためには漁船が必要です。造船所、魚網等の漁具、製氷工場、ドック等漁業に関連した設備も必要になります。水揚げされた水産物は加工場で処理されていきます。加工用の機械、資材、技術開発と加工に携わる多くの人々とその家族が生活する住居、子どもの学校も必要になります。大量に生産された水産物は、その多くが冷凍品となるので、保管のための冷蔵庫も必要です。水揚げ後、鮮魚、加工品・冷凍品として生産される水産物を全国に配送する物流機能もなくてはなりません。海外に鮮魚で輸出する場合には、陸送だけでなく空輸もあります。荷物を買い取って販売する荷受・商社機能も必要です。資金需要が増えれば金融機関へのニーズが増えます。人が多く集まれば、付随する宿泊施設、食堂など様々なビジネスが生まれます。

水産資源の管理をしっかりしていれば、その地域全体が活況を呈し、コミュニティーを形成しながら町全体が発展していくのです。水揚げ量が多かった1980年代後半まででが、まさにこの形でした。今でいう六次産業化で、生産・加工・流通を一体化させて付加価値の拡大を図ることで幅広い産業を創り上げていく可能性を秘めているのです。若者は仕事を求めて都会に行かなくても、地元で豊かな暮らしができていました。

釧路、八戸、気仙沼、石巻、銚子、境港《さかいみなと》、下関……。かつては大漁の水揚げとともに栄えていた港町は、水揚げの減少とともに衰退していきました。

しかしながら「魚」という資源は、正しい資源管理政策を行っていれば、持続的に利用していくことが可能なのです。しかも、農作物とは異なり、耕したり肥料を蒔いたりする手間も経費もかかりません。

大漁旗を振って大漁に歓喜するだけの漁業では、未来はありません。再生産のために、どれだけの親魚を残さなければならないのかを科学的に検証した上で、それを超えた余剰分だけ獲っていくのです。つまり「海」という銀行に「魚」という資産を貯金しておき、金利分を漁獲枠として設定し、その魚で漁業を持続していくのです。そうすれば、魚は大型化して商品価値が高まるだけでなく、産卵量が増え、いずれ資源量も増えていくのです。

資源管理とは呼べない日本のTAC

水産業で持続的な成長を続ける国々で水揚げされる天然の水産物は、魚種ごとに漁獲できる数量（漁獲枠）が、毎年厳格に決められています。科学的な調査に基づき、科学者から漁獲数量に関するアドバイスが出され、その数字に基づいて漁獲枠を決める方法が一般的です。

これが水産業で成長を続ける国が採用しているTAC（漁獲枠）と呼ばれるものです。日本では、1996年に「海洋生物資源の保存及び管理に関する法律＝TAC法」が制定され、翌年から漁獲枠（TAC）を決定し、それに基づきその年の漁獲量を管理する

TAC制度を導入しました。

衰退著しい日本でも、一応漁獲枠を設定している魚種があります。ただし、約350種に及ぶ漁業対象魚種に対し、漁獲枠対象魚種はサンマ、スケトウダラ、マアジ、マイワシ、マサバ及びゴマサバ、スルメイカ、ズワイガニの7魚種しかありません。選定理由は、対象となる魚種が、①漁獲量が多く経済的価値が高い魚種、②資源状態が極めて悪く緊急に保存及び管理を行うべき魚種、③我が国周辺水域で外国漁船による漁獲が行われている魚種（以上、農林水産省資料より）、のいずれかの条件に該当し、かつ漁獲枠を設定するための判断材料として充分なデータや知見があること、とされているからです。こうした条件に合致し、優先順位の高いものを「第1種特定海洋生物資源」とし、農林水産大臣が設定します。日本の漁獲枠設定魚種は、諸外国に比べてとても少なく、また運用面で多くの課題を抱えています。

ノルウェー産の塩サバ、アイスランド産のアカウオ粕漬け、グリーンランド産の甘エビの刺身、アラスカ産のズワイガニと、普段日本人が食べている輸入水産物の大部分はこのTACで厳格に管理されています。

次年度のTACの増減は、各国の輸出業者や筆者が所属するような買付け業者に決定

図6　アラスカ・ベーリング　スケトウダラ　TAC・漁獲量推移

1977～2012年の累計でTACに対する漁獲量は、ほぼ漁獲枠通りに漁獲されています。1977年に200海里漁業専管水域を設定以降、自国による資源管理の徹底が、今日の米国スケトウダラ漁業の繁栄の基盤となっています。

単位：トン

年	ABC	当初TAC	漁獲	消化率
1977	950,000	950,000	978,370	103%
1978	950,000	950,000	979,431	103%
1979	1,100,000	950,000	935,714	98%
1980	1,300,000	1,000,000	958,280	96%
1981	1,300,000	1,000,000	973,502	97%
1982	1,300,000	1,000,000	955,964	96%
1983	1,300,000	1,000,000	981,450	98%
1984	1,300,000	1,200,000	1,092,055	91%
1985	1,300,000	1,200,000	1,139,676	95%
1986	1,300,000	1,200,000	1,141,993	95%
1987	1,300,000	1,200,000	859,416	72%
1988	1,500,000	1,300,000	1,228,721	95%
1989	1,340,000	1,340,000	1,229,600	92%
1990	1,450,000	1,280,000	1,455,193	114%
1991	1,676,000	1,300,000	1,195,646	92%
1992	1,490,000	1,300,000	1,390,331	107%
1993	1,340,000	1,300,000	1,326,601	102%
1994	1,330,000	1,330,000	1,329,350	100%
1995	1,250,000	1,250,000	1,264,245	101%
1996	1,190,000	1,190,000	1,192,778	100%
1997	1,130,000	1,130,000	1,124,430	100%
1998	1,110,000	1,110,000	1,101,165	99%
1999	992,000	992,000	989,816	100%
2000	1,139,000	1,139,000	1,132,707	99%
2001	1,842,000	1,400,000	1,387,194	99%
2002	2,110,000	1,485,000	1,480,195	100%
2003	2,330,000	1,491,760	1,490,899	100%
2004	2,560,000	1,492,000	1,480,543	99%
2005	1,960,000	1,478,500	1,483,286	100%
2006	1,930,000	1,485,000	1,486,435	100%
2007	1,394,000	1,394,000	1,354,097	97%
2008	1,000,000	1,000,000	990,566	99%
2009	815,000	815,000	807,947	99%
2010	813,000	813,000	810,215	100%
2011	1,270,000	1,252,000	1,199,073	96%
2012	1,220,000	1,200,000	1,205,351	100%
2013	1,360,000	1,201,900		

注）NOAA・NMFS公表による。EBSはボゴスロフ水域を除くベーリング海。漁獲は他漁業の混獲含む。TACは当初枠。

（出典：水産通信社データより作成）

図7　ノルウェー個別割当 漁獲量と消化率　2012年

TACと漁獲量はほぼ同数で、途中で増枠していません。入札者はTACを信頼して(高値で)入札を行います。

単位:トン

魚種	TAC	漁獲	増枠回数	消化率
サバ	180,843	175,947	なし	97%
ニシン(ノルウェー沿岸魚群)	497,142	490,974		99%
ニシン(北海魚群)	122,530	118,299		97%
シシャモ	221,000	218,385		99%
イカナゴ	44,300	42,480		96%
ブルーホワイティング	118,614	116,641		98%

(出典：ノルウェー青物漁業協同組合データより作成)

図8　日本のTAC（漁獲枠）と消化率　2010年

TACは漁獲量を常に超えていて、かつ途中で増枠もされるので信頼性が非常に低くなります。

単位:トン

魚種	TAC	漁獲	増枠回数	消化率
サバ	635,000	463,687	2回増枠	73%
サンマ	455,000	198,788	—	44%
イワシ	102,000	65,836	1回増枠	65%
アジ	224,000	146,339	—	65%
スケトウダラ	265,000	236,473	3回増枠	89%
イカ	318,000	183,986	—	58%
ズワイガニ	6,129	4,468	—	73%

(出典：水産庁データより作成)

的な影響を及ぼします。2012年9月に、2013年1月からの北欧サバのTACが15％減少するというニュースが流れました。これだけで輸出業者は強気となり、一夜にしてそれまでの買い手市場が売り手市場になったのです。粕漬でお馴染みのアイスランド沖（イルシンガー海域）のアカウオの漁獲量は、2010年の4万トンから2014年には2万トンと、5年間でTACを半分にすることで、資源状態を回復させる計画が組まれています。水揚げ量が減少することが確定しているために、価格は上がることはあっても下がりにくい状態となります。TACで適正に管理されている他の水産物も同様ですが、漁獲される前に、売り手市場なのか買い手市場なのか、TACとその年の市場の状況を勘案することで、先のことがある程度予想できます。「TAC（漁獲枠）＝漁獲量」というのが、我々買付け業者にとっては当然の感覚なのです。しかし日本の場合は大きく乖離しています（図6・7・8）。

価値が上がらない日本のTAC

前述したように、日本で漁獲枠が設定されているのは、約350の漁業対象魚種に対しわずか7魚種です。

『水産白書』によると、緯度が高い北欧と異なり魚種が多いために漁獲枠設定魚種を増やすことは難しいというのが、理由のようです。しかし、南北は別にして、日本とほぼ同じ緯度（40度前後）のニュージーランドでは98魚種もＴＡＣが設定されているので、これは大変理解に苦しむ説明です。

沿岸での定置網のような漁では、様々な魚種が一度に漁獲されることがありますが、例えば沖合での巻網漁は魚群がまとまっていることが多いので、5種類、10種類と選別し切れないほどの魚を一度に混獲することは、まずありません。また、プロが魚群探知機を見れば、その魚群がサンマなのかサバなのかをある程度識別できるので、魚種ごとの管理はできます。また時期によって回遊する魚の種類が異なるため、イワシとサバで使用する網を使い分けるなど、現場では細かい対応を行っているのです。また店頭でイワシ、サバといった様々な種類の魚が混ぜられて販売されることなどはなく、当然魚種ごとに分けて売られています。

日本では、例えば水揚げ量が多い銚子港（千葉県）では、アジとサバを一緒に漁獲しても「ジャミ」や「混じり」と片付けられます。しかしノルウェー・米国・ニュージーランドなどの国々では、混獲での水揚げは厳しく監視されています。ＴＡＣは魚種ごとに厳しく決まっているので、例えばノルウェーではカラフトシシャモ（以下、シシャモ）を漁獲した際に、ニシンやマダラなどが混じると、その漁場が禁漁区になるケースがこれまで何度も見られました。また、カラスガレイは混獲率が決まっており、その比率を超えると漁自体ができなくなってしまうために、漁船はカラスガレイの混獲を避けるために自主的に漁場を変えていきます。米国やニュージーランドでも魚種は異なっても、同様に混獲には細心の注意が払われています。

日本の場合は、特に混獲に対する罰則もなければ状況に応じた迅速な禁漁区の設定もなく、そこに魚がいれば、混獲だろうと何であろうと漁獲されるケースが大半でしょう。

2012年に行われた水産政策審議会において、マイワシとスケトウダラの漁獲枠（TAC）が、資源の再評価という結果を受けて漁獲期間中の改定が行われ、マイワシが33%とスケトウダラが10%増枠されました。これでは、真剣に漁獲枠の価値を考えた漁獲や入札はできません。その年のTAC（漁獲枠）の増減が、魚価や買付け相場に決定的に影響する世界の水産業界では、漁獲シーズン中にTACを増加させたり、さらにその増加分が獲れるかどうか分からないようなケースは、買付け側には相場の予想ができないため、迷惑であり考えられないことです。

また、漁獲枠設定対象の追加候補5魚種に関する再検討の結果も報告されました。カタクチイワシ、ブリ、ウルメイワシ、マダラは科学的知見が十分でないことに加え、資源状況が安定していると判断されていること、またホッケは科学的知見が十分でないことに加え、北海道で道北系群を漁獲する全漁業者が参加して、自主的な漁獲努力量の削減を検討中であることから、いずれも現時点で追加の必要性は低い、としています。

カタクチイワシ、マダラ、ホッケといった魚はどれも重要魚種であり、それぞれの漁業国は厳格に科学的な調査を実施してTACの設定を行って管理しています。ペルーのTACの増減で世界のフィッシュミール市況は動きます。マダラは欧州では最重要魚種です。アイスランドでは、各魚種のTACをマダラのTACに換算するなど他の魚種に置き換えて計算する方式をとっています。米国でも当然のことながら、マダラとホッケは厳格にTACで管理されています。

日本の科学的な知見は北欧や南米よりも脆弱なのでしょうか。とてもそうは思えません。もし漁獲枠の設定方法に関する様々な課題や実務レベルの不明点等があれば、関係諸国に建設的な助言を求めれば良いのです。問題を先送りにして、漁業者の自主性に任せるといった投げ放しの方法で、資源管理に成功している国を筆者は知りません。

もともと漁獲枠の数量自体が多いのに、その上運用も甘ければ何の役にも立ちません。しかし、これが日本の漁獲枠の現状なのです。日本では、自国の漁獲枠の増減によって相場動向を考える水産業関係者はほとんどいないと思います。獲れるか獲れないか分からない数量を前提に真剣に考えても意味がないからです。さらに漁が良ければ追加枠が出るので余計に信用などできません。

世界の常識、日本の非常識

欧米をはじめ水産資源を厳格に管理している国では、ＴＡＣはＡＢＣ（Allowable Biological Catch：生物学的漁獲許容量）を超えない範囲で設定する、というのが常識です（図6）。しかし、日本の場合は漁獲枠（ＴＡＣ）がＡＢＣを上回るケースがしばしば見られてきました。その上、漁獲枠に漁獲量が到達しないことも同様に見られます。科学的な調査に基づいて、獲っても問題のない漁獲量よりもさらに多くの量を漁獲枠として設定して獲り続ければ、資源が回復しないのは当然です。

２０１２年度もマイワシとスケトウダラが、期中改定で増枠になりました。たった7

魚種しかないのに毎年のように期中改定が繰り返されています。ところが最終的には当初の設定以下の漁獲量という結果に終わっているので、「漁獲枠（TAC）＝漁獲量」ともなっていません。このような運用は、北欧、北米、オセアニア等の水産国では聞いたことがありません。これではまるで野球の試合途中でのルール改定です。同点でもないのに9回が終わっても試合が続いていくのです。「(資源の）来遊状況良好」「漁場形成が良好」「漁業経営への影響も考え……」という事由説明。簡単に言えば「魚がたくさんいるので、漁業者から是正を求められる前に漁獲枠を増やした」ということです。漁業経営への影響を考えて漁業者へ配慮したような表現こそ、実は乱獲を招いて、結果的に漁業者を自滅させてしまう最悪の運用なのです。これは世界でも例を見ない運用実態です。「日本はまだこんな時代後れなやり方をしているのか？」と世界の業界関係者に驚かれているのです。残念ながらこれでは資源は回復しません。

「漁獲枠（TAC）＝漁獲量」「追加枠なし」を遵守してこそ、初めてその魚種の価格を水揚げ前に適正に検討できるのです。「追加枠」の可能性は、入札者を慎重にさせるので、本来提示されるべき価格より低めに抑えます。

2012年9月末のニュースで、「2013年にはノルウェーサバのTACが、15％

減となると科学者からの知見に基づく勧告があった」と聞いただけで、一夜にしてそれまでの買い手市場から売り手市場へとがらりと変わり、ノルウェーの輸出業者は来期の水揚げ量は少ないので「売り値に満足できなければ売らずに持つ」と態度を一変させました。獲れるか獲れないか分からない日本の漁獲枠では考えられないことですが、これが世界の水産市場での現実の一コマなのです。

世界の水産市場では、一度枠の勧告があった後に、漁業家経営への影響を勘案して枠を増やすという選択肢はないのです。だからTACに価値があり、信頼もされるのです。前述のマイワシ枠33％増加は、世界の水産業界の常識から言えば大ニュースです。しかし、日本ではこの枠の増加に反応する買付け関係者は恐らくいません。

TAC設定魚種を増やせるか

水産業で成長を続ける米国では、2012年中に漁業対象の全魚種（528魚種）にTAC（漁獲枠）を広げる方針を打ち出しました。ノルウェー、アイスランド、カナダ、EU、ニュージーランド、オーストラリアなど水産業で成長している国々では、TACを設定していない漁業対象魚を見つける方が難しい、というよりTACの設定が常識であり大前提です。TACの対象となる魚種は多く、かつ設定が厳格で、日本のように対象魚種が初めから非常に少なかったり、にもかかわらず途中で対象枠を増大させたり、漁業者から不満が出ないように最初から過剰に設定したりするものではないのです。皮肉な言い方をすれば、日本の漁業が何とか残っていれば、TAC設定魚種は必然的に増えていくでしょう。その時になって初めてそれまで反対してきたことを大いに嘆いても、失われた時間は戻りません。対処法があったのに放置させた責任は重いです。ノルウェーやEUの科学者に、日本の資源管理制度について分析してもらうと、いかに拙い制度であるかがよく分かります。「井の中の蛙、大海を知らず」。為政者の責任が問われる崖っぷちの状態なのです。

日本が1996年に批准した国連海洋法には以下の内容があります。

「沿岸国は原則として、領海基線より200海里の範囲内の水域（領海を除く）において、排他的経済水域を設定することができ、その水域における主権的権利を行使することができる一方、生物資源の保存・管理措置をとる義務を有することなどを規定」（農林水産省ホームページより）

とされています。現在の水産資源管理は、国連海洋法の上記義務を遵守しているとは言い難いのです。

トレーサビリティーはやる気次第

ノルウェー、アイスランド、EUの冷凍水産物の表示と、日本のサバやサンマなどの一般的な表示を比較すると大きな違いがあることが分かります。それは、前者の魚を入れる販売用の各ケースには、中身を説明する詳細なラベルがついていることが多いということです。

ノルウェー産の冷凍魚の場合、ある1ケースの品質に問題が生じた場合、ケースのラベルを見れば、いつ漁獲されたものかが、すぐに分かるように表示されているのが普通です（57ページ・右の写真：ノルウェーサバ）。

一方、日本の冷凍品の場合は、57ページ・左の写真のサンマのように、中身を説明する詳細なラベルがついていないことが多いのです。生のサンマを買って冷凍した冷凍業者には、生産日や漁業の情報があっても、それがケース単位で様々な加工業者・流通業者に渡り、さらに細かく小口で分配されていくと、原料を追跡することは困難になっていきます。ノルウェー産の水産物にはラベルがついており、原料名・生産日・規格・漁

販売用ケースに入っている日本のサンマ。生産日やロット番号の記載もないので、問題が発生した時に追跡が難しくなります。

販売用ケースに貼付されたノルウェーサバのラベル。生産日やロット番号が記載されているので追跡できます。

船等の必要な情報が網羅されています。万一品質に問題が発生しても、ケースごとにどの段階で問題が発生した可能性があるのかを、特定できるシステムになっているのです。

求められる法整備

実は、日本の在庫管理やトレーサビリティー能力は、荷物の取り扱いや温度管理にいたるまで非常にレベルが高いのです。世界の最先端と言えます。資源管理が行き届いていてレベルが高いと思われるノルウェーの在庫管理でさえ、船積みの際に実際の契約数量と差異があることがよくあります。日本の場合、本気になれば、どの国よりも上手く管理できる能力があるにもかかわらず、残念なことにそれを行うための「規則がない」のです。水産物の「表示とトレーサビリティー」の実施と徹底を法律で定めさえすればできるのです。何か問題が起こってからでは遅すぎます。

東日本大震災後の放射性物質に関する風評により、日本からの水産物の輸入を止めていた国々も徐々に輸入を再開していますが、またいつ問題が発生し、どのような事態が起こるか分かりません。水産物の輸出を増やすことは国策にもなっており、品質管理表示とトレーサビリティーの実施の徹底が、結局は輸出の促進につながるのです。いくら自分が生産した水産物は大丈夫だと言ったところで、そこに客観性がなければ輸出先は受け入れてくれません。

「環境の変化」という魔法の言葉

『水産白書』（2011年版）に、水産資源の状況に関する漁業者の意識調査の結果が公表されています（図9）。「水産資源の状況と資源減少の原因（漁業者の意識）」について、実に87・9％が「資源は減少している」と回答しています。日本の水揚げは1984年

図９　水産資源の状況と資源減少の原因（漁業者の意識）

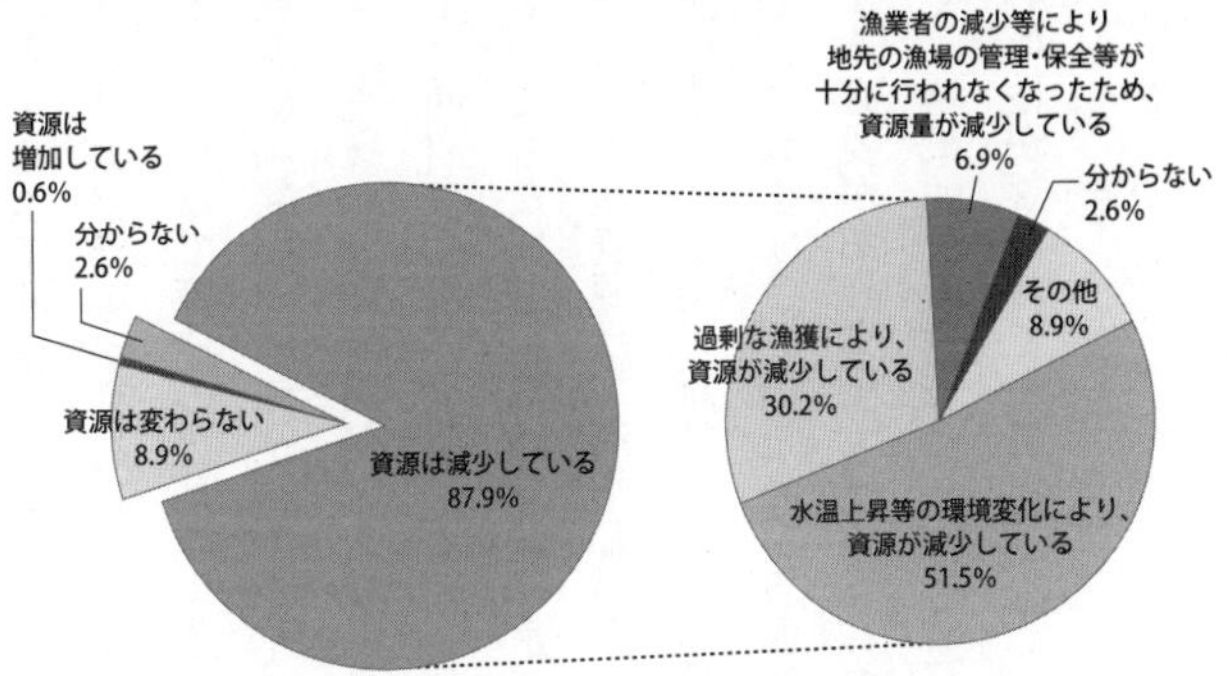

注：情報交流モニターのうち、漁業者モニター400名を対象。回収率は86.8％（347名）
（出典：「水産白書」をもとに作成）

の１２８２万トンをピークに右肩下がりに減少を続け、２０１２年には５００万トンを下回るまで減少しているので、客観的にもそれが事実であることが分かります。

問題はその原因に関する回答結果です。減少の最大の原因は、「水温上昇等の環境の変化により、資源が減少している」（51.5％）と考えられていて、２番目の原因として「過剰な漁獲により、資源が減少している」（30.2％）と認識しているという結果が出ています。筆者は、資源が減った原因に関するこれらのデータが出る背景に、日本の水産業を衰退させてきた原因が隠れていると考えています。

「環境の変化」という結論付けは、資源問

題を考える上で非常に問題があります。この言葉によってあたかも不可抗力が存在し、それが原因で資源が衰退して「仕方がない」「どうしようもない」という錯覚に陥ってしまう、まるで魔法の言葉のようです。

実際は「乱獲」で魚がいなくなっているのに、「環境の変化」が原因ということになれば、乱獲という原因が見えないままになる恐れがあります。

また同白書には、「資源管理のもたらす効果」という次の記載があります。「資源管理によってもたらされる効果は、水産資源そのものの維持・増大に限られるものではありません。水産資源は、漁業という産業により利用されることから、漁業の経済収益性や、漁業従事者の雇用の維持や所得の確保など、経済的、社会的要素も資源管理の効果として想定されます。このため、資源管理を実施するに際しては、こうした他の要素にも留意する必要があります」というものです。資源管理の基本である「科学的な根拠」ではなく、結果的に漁業者にとって逆効果になってしまう、「経済的」な面を優先した運用の必要性が説かれています。

制度がないがゆえの損失

日本では個別割当制度が整備されていないために発生する経済的損失が、起こるべくして起きています。その一例を解説します。

銚子港（千葉県）では、2012年11月14日に約6000トン、（浜値：155～44円／キログラム）、11月17日に7000トン強（浜値：93～23円／キログラム）ものサバの大漁水揚げがありました。500～600グラムの立派なマサバ主体の水揚げでした。

しかし残念だったのは、水揚げされたサバは脂ののった良いサイズの魚だったのに魚価が安かったことです。2011年3月に起きた東日本大震災の影響で、2012年はマサバの中・大型の水揚げは多いと予想していました。結果から分析した筆者の自説ですが、理由は簡単です。震災後の春～秋にかけての水揚げが激減し、その魚の一部が大きくなって漁獲されたのです。北海道沖で30数年ぶりに中・大型のマサバが2012年の漁獲期中に全部で9000トンほど漁獲され話題になりましたが、これも同じ理由と考えられます。

銚子港地区では2000トン程度以上の水揚げがあるか（もしくは放射性物質の検体検

査のためなどもありますが）、ある程度の漁があると翌日は休漁となります。実態を知らないと表面的には、自主管理により大漁だった翌日は漁を休んでいる、というように見えるかも知れません。しかし、もともと処理能力の関係で、連日2000〜3000トン以上水揚げされたら、品質を維持しながらの処理は追いつかないのです。

地元の漁業者や加工業者は、これではいけないと分かっていながらも、管理制度が機能していないため仕方がないと思っているはずです。水揚げには、魚を冷凍し加工する処理能力の問題が付いてまわります。当日処理できない分は、翌日そして翌々日へと処理が遅れていきます。

生産は時間との戦いです。あまりにも処理量が多く、鮮度が落ちてくる場合は、処理を一気に進めなければなりません。そこで登場するのが通称「がんがん」と呼ばれる凍結方法です。魚を箱には入れずに、金属製の冷凍パンに入れて凍結させます。箱に入れて凍結させるより、この方が冷気が伝わりやすい分、凍結が早いのです。そして凍結後に冷凍パンを逆さまにして「がんがん」という音とともに冷凍ブロックになった魚が取り出されていきます。しかし傷が付きやすい等の問題があり、品質的に加工用にはあまり向かず、餌用となることが多い冷凍方法です。

当然大量水揚げとなった場合の平均浜値は安くなります。7000トン強のサバの水揚げでは、平均浜値が50円／キログラム程度でした。もし個別割当制度で分割され、約1000トンずつ7回に分けて水揚げされていたらどうだったでしょうか？

大きく立派なサバは、11月頃の脂がのっている時期の魚です。価格が高い鮮魚向けとして毎回扱われ、「がんがん」向けにはならず、冷凍用は箱に入れて加工原料向けに凍結されていたことでしょう。浜値は100円／キログラム程度、魚の価値からして充分にそれ以上だったと推測します。11月14日と11月17日の2回分だけで約1万3000トン、100円／キログラムを超えて水揚げ単価が高ければ10億円以上の違いになったでしょう。脂がのった時期の中・大型のマサバを、わざわざオリンピック方式により魚の価値を下げるように水揚げしているのです。これも大漁水揚げを止められる制度がないためで、実にもったいないとしか言いようがありません。

チャンスロスはこれだけに留まりません。「がんがん」になってしまったサバは、加工用には向かないので、逆に加工原料用が不足してしまいます。もちろん、「餌用」として「がんがん」で生産される冷凍魚は必要です。しかし、大きくなればなるほど価値が上がる魚、もしくは価値が高い魚を一時期に大漁に水揚げし、何もわざわざ価格を下げてまで餌にする必要などないのです。

ノルウェーでは、餌用になるサバは全体の1％未満です。一方、日本では何と約3割が餌用です。ノルウェーでは餌用には、大きくなっても価値がでないイカナゴ等の魚が使用されています。日本では、「がんがん」にしかならないような小サバの漁獲も問題ですが、中・大型のサバでも前述のように水揚げがまとまると、たちまち、「がんがん」と価格の安い餌用に回されてしまう仕組みになっているのです。小さなアジやサンマも「がんがん」になっていきます。これで、自主的な管理が機能していると言えるでしょうか。資源的にも経済的にも重大なロスです。

また、明文化されずその場限りでルールが変わっていくような漁獲制限では、年間を通しての効果は期待できません。ノルウェーではＴＡＣと個別割当枠の残枠を意識して買い手側は入札するので価格は安定しており、日本のような極端な価格変動は起きないのです。

太平洋のマサバに関しては、日本のＥＥＺ内を泳いでいる資源です。現在温暖化が原因と思われる北欧サバの回遊経路の変化による、「このサバはどの国のものだ？」という近隣諸国との問題も生じないので、本来は管理がしやすいはずなのです。

自画自賛する日本の資源管理

２０１２年７月に来日したマリア・ダマナキ欧州連合（ＥＵ）欧州委員（海事・漁業担当大臣）は、「資源が減少していく中、漁業者はもっと多くの魚を獲ろうとする」「『負のサイクルを断ち切るため』には譲渡性個別漁獲割当（ＩＴＱ）導入が必要」（みなと新聞、２０１２年７月13日付）と説きました。ところがそのような指摘をよそに、『水産白書』では「我が国においては、古くから漁業者が地先海面の水産資源を共同で管理しており、その基本理念が現在の漁業制度に引き継がれています。我が国の漁業は、世界的にみても共同管理の先取りともいうべきものです」と自画自賛する内容が記載されています。

しかしながら、ごく一部の例外を除いて、水産管理を政府と漁業者が共同管理することとは、極めて難しいのです。話し合いを通じて資源管理を行う場合、先に述べたように少しでもたくさん獲りたい漁業者の意識が、当然反映されてしまいます。そして政府側が仮に「漁業者は魚をこれ以上獲るな！」と言っても、「我々の生活は一体全体どうしてくれるのだ！」と返され、結局は経済的な要因に留意して漁獲を認め、悪循環を繰り返すのです。波風を立てずに問題を先送りすることの方が楽なのは当然のなりゆきです。

そして悲惨な結果が続くのです。

前出のマリア・ダマナキEU欧州委員は「私たちに必要なのは『資源の持続可能性』に基づく新政策。本当に必要なのは〝変化〟である」（みなと新聞、2012年7月18日付）と語っています。日本には、正しい方向に持っていくためのリーダーシップが足りないことも気になるところです。残念なことに、減少を続ける資源そのものが、その明確で客観的な証拠となっているのです。


厳正な資源管理を行っていると認められない水産物は、販売自体が困難になっており、一方で認められた水産物の商売は、世界の需要増を背景に成長を続けることになります。

例えば市場の成長が続く養殖魚の場合、餌はカタクチイワシのような天然の魚が主体であり、食用だけでなく餌になる魚の資源管理も重要性が増しています。欧米で店先に並んでいる主要な輸入水産物は、適切な資源管理が行われていることが社会的な常識となっています。日本の市場は、資源管理に対する意識がまだ低いですが、同じ水産物を成長が続く欧米市場等で販売する場合は、資源管理が整備されていないと販売が困難です。特に欧米やオセアニアから日本へ輸入されている水産物は、日本が求めていなくても、初めから資源管理がされているものです。日本ではまだ浸透していませんが、今後は資源管理がされている水産物であるかどうかが、個々の水産物の市場動向に大きな影響を与えるのは確実です。同じ土俵に立って具体的な対応を考えていかなければ、ますます世界の市場から取り残されてしまうでしょう。

ノルウェー産の塩サバ、アイスランド産のアカウオの粕漬け、オランダ産の開きアジ、グリーンランド産の甘エビ、アメリカ産のズワイガニなど大半の輸入水産物は、TACは当然であり、個別割当制度の下で管理されているものが多く、今後その比率はさらに高まるでしょう。世界中の水産物バイヤーは各国の個別魚種のTACの増減を見ながら、魚が海の中を泳いでいる間に買付け価格を熟考しているのです。これは各国での科学的な資源管理による、「TAC（漁獲枠）＝漁獲量」が前提となっているからです。

2012年にトルコ・イスタンブールで世界18ヶ国の表層魚（サバ、アジ、ニシン等）の関係者が集まって行われた国際会議で、世界の水産物の次年度の供給数量を予想した時のことです。各国の予想数量は、次年度のTACがベースになっています。基本的にはその数字を足していくのですが、日本のTAC（漁獲枠）は、図8で明示したように、サバ、イワシ、サンマ等、実際の漁獲実績より大きく、またその乖離も大きいので、全体の合計数量がいびつになってしまいました。筆者は、恥ずかしいことに日本の漁獲枠が厳密な意味で漁獲数量になっていない理由を説明せざるを得ませんでした。「漁獲枠＝漁獲量ではない」「何種類かの漁獲枠の数量がシーズン中に増える」「しかもたった7魚種しかない」と。会議後、各国の関係者から大変に興味深いスピーチであったと言われました。

資源管理で先を行く多くの国々からすれば、「未だにこういう後れた国があるのか？」と見られて「他山の石」となり、日本と同じ道を歩んではいけないと思わせたことでしょう。このように日本の水産業の諸条件は、水産業の先進国とは異なっています。日本の水産物を欧米に輸出しようにも、ＨＡＣＣＰ（Hazard Analysis and Critical Control Point：危害要因分析に基づく必須管理点）・ＥＵ認可を持っている日本の水産加工場はほとんどありません。ハード・ソフトの両面で後れている上に、「科学的な資源管理をされていますか？」という問いにも明快に答えられないのが現状なのです。

第2章

なぜ日本は負け組になっているのか

第1章では、日本と世界の水産業が対照的な状況にあることを見てきました。

このまま日本の水産業は衰退の一途を辿るばかりなのでしょうか。何か手立てはないのでしょうか。諸外国の水産業に、日本にとって教訓となり、日本の水産業再興の手本となるものはないのでしょうか。筆者はあると考えます。では具体的にそれはどのようなものでしょうか。かつて大漁を誇ったものの、現在ではすっかり姿を見せなくなってしまった日本の魚の典型的な例、ニシンから見てみましょう。

消えたニシン

明治時代から1957年にその魚群が消えていってしまうまで、ニシンは北海道の水産業を支えていたと言っても過言ではないでしょう。1897年の水揚げは97万トンと、実に100万トンに迫る量を誇っていました。北海道の主要水揚げ地であった留萌・小樽といった町は、出稼ぎのシーズン中に人口が大幅に増え、町中が活気に満ちていたそうです。数の子を取ったり、獲りすぎたニシンは肥料にしたりと、ニシン一色でした。

皆さんも聞いたことがあると思いますが、沖揚げの掛け声が印象深い「ソーラン節」はニシン漁全盛期に歌われたものです。

図10　北海道でのニシン水揚げ推移

漁獲枠もなくモグラ叩きのように乱獲を繰り返してしまうため、資源が回復しない日本のニシン。

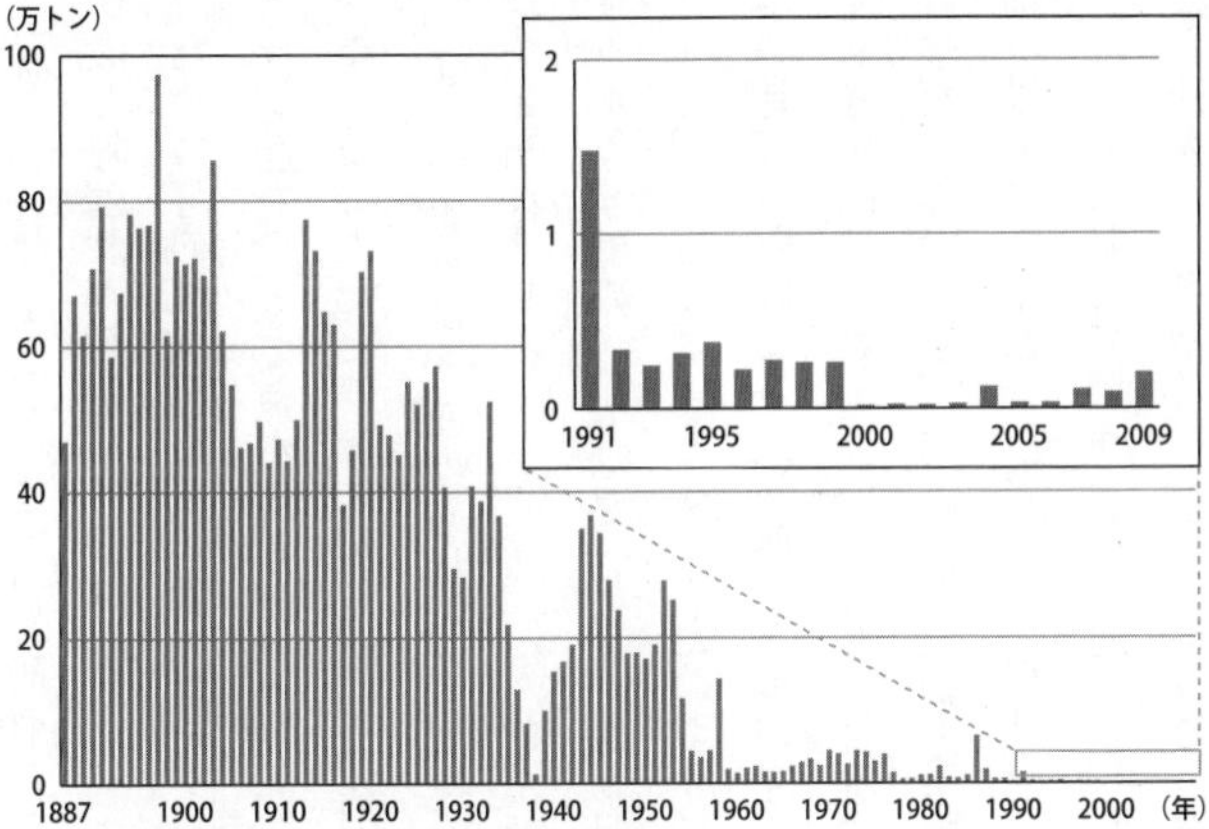

（出典：留萌水産物加工協同組合データより作成）

産卵に来ていたニシンの精子で海は白くなったと言います。しかし、1897年をピークに減少を始めたニシン漁は、その後も水揚げの減少が続き、極端な右肩下がりでニシンは消えていきました（図10）。ニシンが獲れなくなった要因として、①「乱獲」、②「水温の変化」、③「森林の伐採」等の理由が考えられており、近年ではこれらの要因が複合的に関連していたと言われています。

そして今度はニシンがいなくなってしまった状況を表現した歌が生まれました。1975年にヒットした「石狩挽歌」です。2番の歌詞を要約してみると、「かつては100万トン近く獲れたニシンはどこに消えてしまったのだろう。ニシン御殿と呼ばれた建物も今では寂れてしまった。当時はよかった。ニシンが消えてしまったために町の灯は消えてしまった……」という内容です。

ソーラン節を歌って魚を獲り続けていた時に、誰かが「このままではまずい！　ニシンがいなくなる！」と声を大にし、乱獲で消えていくニシンの姿を歌った「ニシン哀歌」（？）のような歌があったならば、当時の人々に問題意識が生まれ、乱獲に歯止めがかかったかも知れません。しかし、どんどん押し寄せてくる魚群を見逃すことなど、できるはずもありません。出稼ぎに来て、数ヶ月のうちに1年分の収入を得られる仕事を休むことなど、できるはずもなかったのです。

日本各地で見られる「大漁旗」を揚げて喜ぶ姿は、ニシンがいなくなってしまった当時も今も基本的に変わっていません。日本では「大漁」という言葉は、とても聞こえの良い言葉だと思います。漁業者は「大漁祈願」をするでしょうし、地域によっては一定の水揚げ以上になると「大漁旗」を掲げるところもあるでしょう。マスコミでも「大漁」は祝賀ニュースとして扱うのが普通です。しかしながら、実は「大漁」という言葉に象徴される日本の「漁」に対する考え方の一方に、衰退していく水産業の問題が潜んでい

図11　回復したノルウェーニシンの水揚げ量

ノルウェーは乱獲による資源悪化を、科学的根拠に基づく資源管理で乗り切りました。資源回復を軌道に乗せるまでに、忍耐強く1970〜1990年の20年をかけ、現在の水産業の繁栄を実現しています。

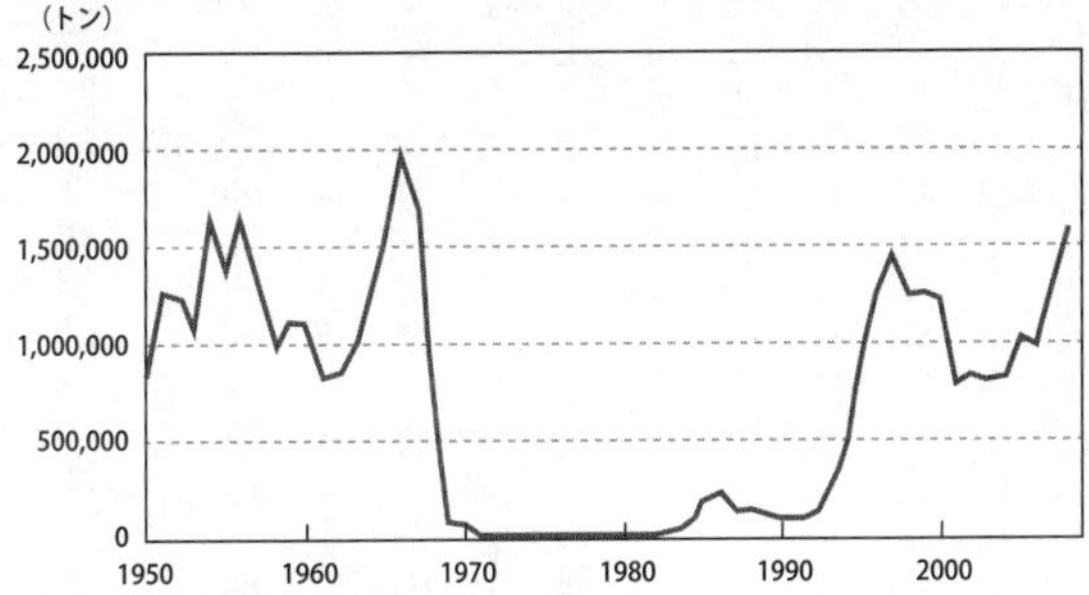

（出典：ノルウェー水産審議会資料より作成）

るのです。必要だったのは、景気良く魚を獲るための掛け声や歌や「大漁旗」ではなく、強力なリーダーシップに基づいた、適切で冷静な資源管理政策でした。

ニシンが消えた・ノルウェーの場合

実は、現在世界第2位の水産物輸出国として成長を続けているノルウェーでも、同じようにニシンが減って獲れない時代がありました（図11）。しかし、ニシンが減少してきた時期にとったノルウェーの対策が、その後の資源量と将来を決定づけたのです。

筆者は、ノルウェー産ニシンの復活の過程を20年以上にわたり追跡し、日本の漁業と比較してきました。

日本とノルウェーの資源量の推移とその経緯を比較分析してみると、北海道でニシンが消えた決定的な要因は「乱獲」であると推測できる客観的な事実が浮き上がってきます。

ノルウェーのニシンは200メートル前後の海底の礫《れき》に粘着卵を産みますが、北海道のニシンは沿岸の海藻類や藻類に粘着卵を産み付けます。小型の船であれば近海で定置網や刺し網で容易に漁獲できます。従って産卵場で待ち構えて、漁獲制限を設けることなどなく毎年獲り続けてしまったのです。その結果、ニシンは来なくなったのではなく、いなくなったのです。ニシンが消えた原因が乱獲であったことの根拠の補足をします。まず、前述の②「水温の変化」の理由についてですが、水温が上昇したからいなくなったわけではありません。

北海道の北はロシア（旧ソ連）です。水温の上昇が原因であれば、1957年以降、ロシアで多く獲れるようになったはずでしょう。筆者は1990年からニシンの買付け状況を分析していますが、ロシアからニシンの買付けが本格的に始まり、輸入量が1万トンを超えたのは1995年からでした。ロシアで漁獲されているのは、北海道に産卵に来ていた群れとは別の群れであり、恐らく1990年代に卓越年級群（特に個体数の発生が多かった年齢群）が発生し、漁獲を逃れて資源が増えてきていた魚群が、ロシア船に発見されたものと思われます。ロシアから本格的にニシンを輸入するまでは、アイスランドとノルウェーから食用ニシンを主に輸入していましたが、ロシア産の評価は高く、それまで品質評価が高かったアイスランド産と置き換わる形になりました。

③「森林の伐採」についても影響は考えられますが、①「乱獲」に比べるとかなり軽微であったと推測されます。そもそも産卵場を探し回るニシン自体がいなくなっていたのでしょう。北海道のニシンの資源管理でも日本は大きな間違いをしてしまったのです。

TAC対象魚種と水揚げ金額

2002～2011年の10年間の日本のニシンの平均水揚げ量はたったの5000トンで、水揚げ金額は10億円に過ぎませんでした。ノルウェーで同時期の年間平均水揚げは67万トン（2011年の水揚げ金額は、60万トンで約500億円）と、比較にならない大漁の水揚げ量となっています。5000トンという数字は、ノルウェーでのニシンの漁獲シーズン中に水揚げされる1日分にも満たない数量です。ノルウェーでは言うまでもなく、多額の水揚げ金額が港町に落とされ、町は活気に満ちています。しかし、日本では信じられないことに、これだけ低水準の漁獲が続いているにもかかわらず、未だにニシンに対して漁獲枠の設定さえないのです。

日本での漁獲枠の対象魚種は、前述したようにわずか7魚種（サンマ・スケトウダラ・マアジ・マイワシ・マサバ及びゴマサバ・スルメイカ・ズワイガニ）しかありません。漁獲枠を設定する要件の一つは「資源状態が極めて悪く緊急に保存及び管理を行うべき魚種」であり、まさにニシンは該当するはずなのですが、対象になっていません。

一方、ノルウェーなどでは、養殖魚でもなければTAC制度がない漁獲対象魚種を探す方が難しいぐらいです（ノルウェー24種類、アイスランド25種類）。もちろんニシンにも厳格なTACの設定があり、少しでも特定年度の新規加入の資源量が少ないと分かると、将来のことを考えてTACを減少させて資源を高水準に維持するように努めます。TACを減らしても、マーケットは供給減を見込んで高い魚価を支払うので、水揚げ金額は減少するどころか、増加するということがよく起こります。２００９〜２０１１年のノルウェーでのニシンのTAC（漁獲量）は約１００万トンから60万トンへと40％も減少しました。しかし、魚価が約2倍に上昇し、水揚げ金額自体は22％増の約５００億円（約31億NOK）と上昇したのです。

世界の市場は、資源管理と品質管理がしっかりされている国の水産物を求めています。

ＴＡＣの減少は単価の上昇でカバーされ、水揚げ金額自体は減少するどころか逆に上がるケースもよくあります。

仮に、あまりにもＴＡＣが減って、単価が上昇しても水揚げ金額が増加しない場合も考えられますが、そのような時でも漁業者は文句を言いません。資源回復を待って将来に備えた方が得《とく》だと分かっているからです。また特定の魚種だけ管理しているわけではないので、ニシンが減ってもサバが増える等、他の魚種でも十分に利益を上げられる構造を作り上げています。

それとは対照的に日本では獲れる魚は何でも獲ろうとするので、様々な魚種が同時進行的に減少して、ノルウェーと逆の現象が起きています。ノルウェーは、非常に巨額な元本（＝親魚）を残して高い利率で利子（＝生まれてくる魚）を大きくしながら漁獲を続けていきます。魚を見つければ獲り続け「海から魚を借りて借金生活を続ける日本の漁業」とは、根本的に大きな違いがあることが分かると思います。

復活の兆しもあったが

日本のニシン漁全盛期、１８８７〜１９２７年の約40年間の水揚げ量は、前述のノルウェーの水揚げ量と同様に、60万トン前後もありました（図10）。日本近海にもニシンは大量にいたのです。しかし、資源管理のルールがなかったために、ソーラン節を歌いながら資源を破壊してしまい、ニシン漁の衰退とともに、「ニシンはどこへ行った？」と哀しみの石狩挽歌が歌われるようになってしまったのです。

ニシンがいなくなった北海道の水産業は、ホッケやサンマなどの他の水産資源でカバーされてきましたが、もしノルウェーのようにＴＡＣを設けて適正な資源管理を行っていれば、今日とは全く違う状況になっていたことでしょう。そのホッケも、いよいよ水揚げ量が減少してきました。２０１２年より3年間、漁獲数量を3割減に制限することになりました。しかしこれも漁獲数量を船ごとに設定する個別割当方式（※詳細は後述します）ではないので、減少した漁獲枠いっぱいを先を争って獲ることになってしまいます。小型であろうと何であろうと漁業者が競争して漁を続けるシステムでは、資源の根本的な回復はかなり難しく、仮に短期的には回復したとしても持続性は低いのです。

当時、北海道でニシンの資源管理をきちんと行っていたら、数の子をアラスカやカナダから輸入することは、ほとんどなかったと思います。日本の資源が枯渇したことにより、その恩恵をアラスカとカナダが受けています。というのは、正月のおせち料理によく使われる数の子は、日本以外ではあまり市場価値がありません。日本人は数の子を輸入するために、両国に生産技術を教え、また非常に高い価格で競って買付けてきました。現在も両国はきちんと科学的な裏付けを元に資源量を測りながらTACを設定して漁を続け、毎年数の子を日本へ供給し続けています。日本でも資源管理ができていれば、国内で数の子を生産し続けることができ、毎年巨額の資金が水揚げ地の周辺にもたらされ、多くの関連産業が育っていたはずです。実にもったいない話です。

ノルウェー漁業の現状

では、資源回復に成功したノルウェーの漁業環境とはどのようなものでしょうか。まずは日本の水産庁のホームページの記載から見てみましょう。

2007年に水産庁は「諸外国（EU、米国、ノルウェー）の漁業と漁業政策の概要」という資料を掲載しました。その中に「ノルウェーの漁業と漁業政策」というものがあります。その内容だけでは、ノルウェーの実態について特別な印象を持つには至りません。要点をごく簡単に挙げてみます。

「ノルウェー漁船の船齢は高く、2005年現在の平均船齢は25・1年である。また年々

ノルウェー巻網船内の様子(写真:現地関係者提供)

上昇する傾向にある」「漁船隻数は減少傾向にあり、2005年現在の登録漁船数は7721隻。新船の建造も行われているが、特に近年、15メートル以上の船舶の建造は少なくなっている」。

しかし実際にノルウェーの現場を訪れた経験から言うと、「ここまで豪華な船が必要だろうか?」というような立派な漁船が建造されていて、古い漁船をあまり見かけません(80ページ写真)。漁船が大型化や効率化することで漁業者が減少する傾向はありますが、水産資源が安定しているために船を下りた漁業者には地元の多くの関連産業に従事する、という選択肢があります。これに対して、水揚げが減って仕事がない

図12　ノルウェーの補助金推移

個別割当制度による効果で補助金の必要がなくなり、資源が回復しているノルウェーの水産業。

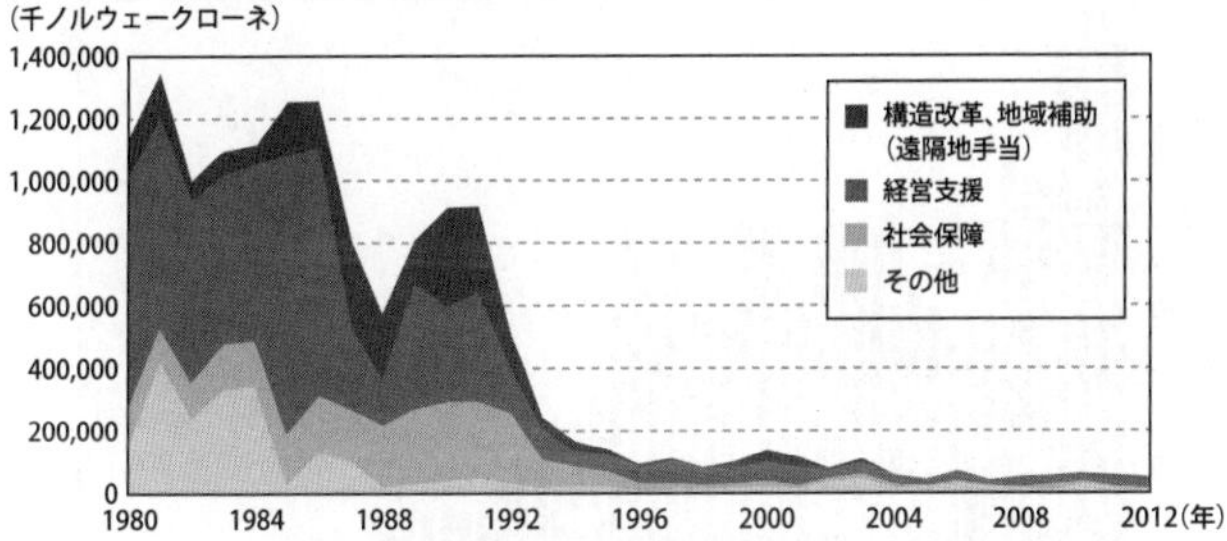

(出典:Economic and biological figures from Norwegian fisheries-2012より作成)

ために漁業以外の仕事を求めていわゆる出稼ぎに出なければならず、そのために地域ごと衰退していく日本の港町とは、様子がかなり異なります。

図12は、水揚げ量減少の主因を「乱獲」と見定めたノルウェーが、資源回復に成功する一方で、補助金の交付を大きく減らしているグラフです。皮肉にもこのグラフは、日本が様々な水産資源を減らしてきた推移（図13）によく似ています。ここでは例としてキチジ（キンキ）をあげていますが、同様の状況となっている魚種が多いのが実態です。ノルウェーでは、水産資源が回復して補助金の必要がなくなり、漁業者は地元で充分に利益を上げて豊かな暮らしをしています。

図13　キチジ（キンキ）の漁獲量の推移

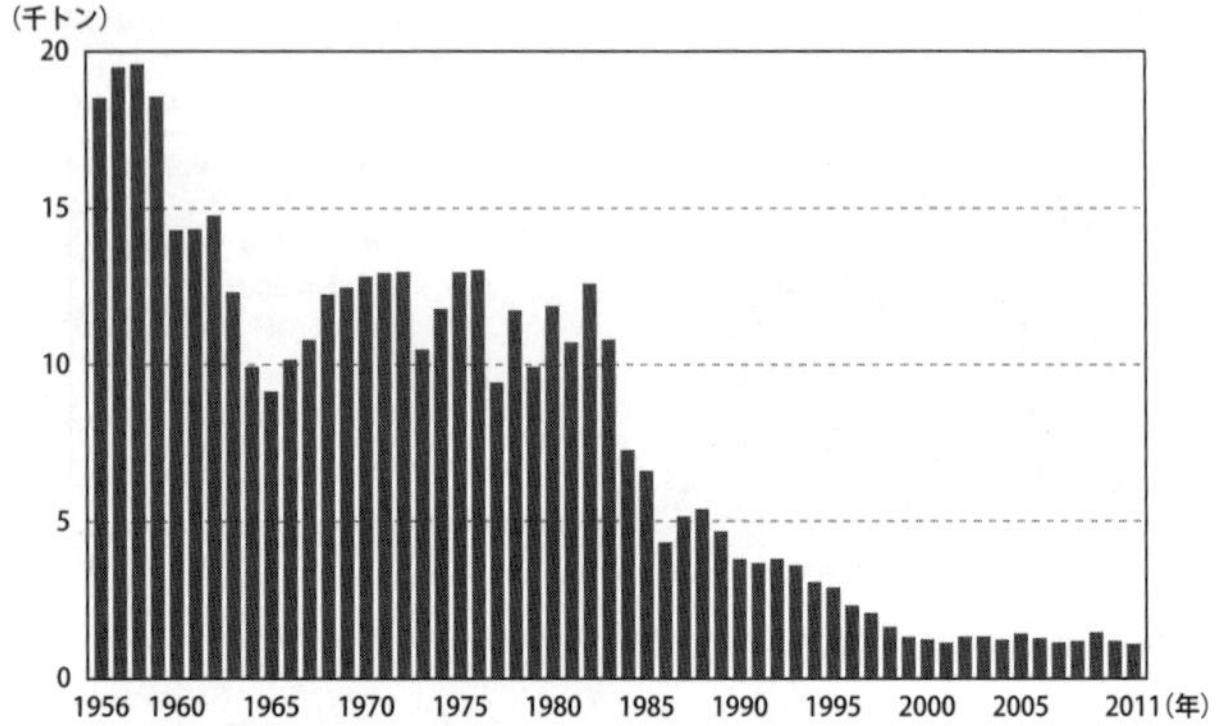

（出典：総務省統計局データより作成）

「大漁旗」がないノルウェー

右肩上がりに成長を続ける世界第2位の水産物輸出国であるノルウェーでは、「大漁旗」は見かけません。漁獲制度の違いにより、日本とは180度考え方が異なるのです。ノルウェーでは、〝大漁〟と聞いた時に自分も魚を獲っている場合は、決して良いニュースだとは思いません。漁業者にとって経済的に大事なことは、水揚げ金額が多いことです。限られたチャンスしかないのに、一度に他の漁船とともにたくさんの獲物を獲って「大漁！」になっても、価格が下落したのでは利益向上に繋がらないからです。

ノルウェーでは、「個別割当方式」で漁獲できる数量が船ごとに厳格に決まっています。漁船は豪華で大型化していますが、仮に一度に1000トン獲れる場面であっても、その半分以下しか魚を獲りません。漁業者は、価格が下がらないように分散して水揚げをしたいと常に考えているからです。

結果として、それは魚価高だけでなく、鮮度を含む品質向上にもつながります。特定の日に集中することがないために加工処理工場の稼動日数が増えるからです。一方で日本の場合は、同じタイミングで漁船が競って漁に出るので、水揚げのタイミングも集中することが多く、冷凍や加工の処理が追いつかなくなります。魚価が下落するだけではなく、加工日数がかかるので無理に生産すれば鮮度が落ちてしまいます。魚価が安いだけでなく、できた加工品の評価も落ちて安くなってしまうのです。このような状況で加工された水産物を食べたら消費者は離れていってしまいます。まさしく負の連鎖です。

「旬」で消費者の心を掴む

近年スーパーマーケット等で、ノルウェー産のサバをよく見かけるようになったと感じている方も多いでしょう。ではそもそもなぜノルウェー産が増えているのか、考えてみましょう。

国産サバが減少し、１９９０年に本格的にノルウェーからサバの輸入が開始された時は、国産サバの方が高価でした。しかし、品質管理とマーケティング力の差で、ノルウェーと国産サバの価値は入れ替わりました。そして、ノルウェーサバの価格が高くなってきたために、同じ縞模様でも価格が安いカナダや米国等のノルウェー産以外のサバを輸入したところ、結局売れずに撃沈。損失処理を強いられることになりました。これはノルウェー産のサバの脂肪分が25〜30％なのに対して、20％前後のサバを輸入したために起こった現象です。

日本では図14のように脂肪分5〜10％前後のサバも普通に販売されているので、消費者離れが起こるのも無理はありません。漁業者は自分で自分の首を絞めているのです。本来は「美味しくない時期のサバは漁獲しない」というフィルターがあった方が良いのです。サバの味は、脂肪分だけで判断するのは難しく、たとえ25〜30％の脂肪分であっても、８月に漁獲されるノルウェーサバは皮と身の間に皮下脂肪として脂の層があり、身の部分はややパサパサしています。それが９月に入ると身に脂がのり、霜降り状態の最も美味しい時期になります。日本人の味覚は非常に繊細なので、この違いが分かる消

図14 マサバの粗脂肪量

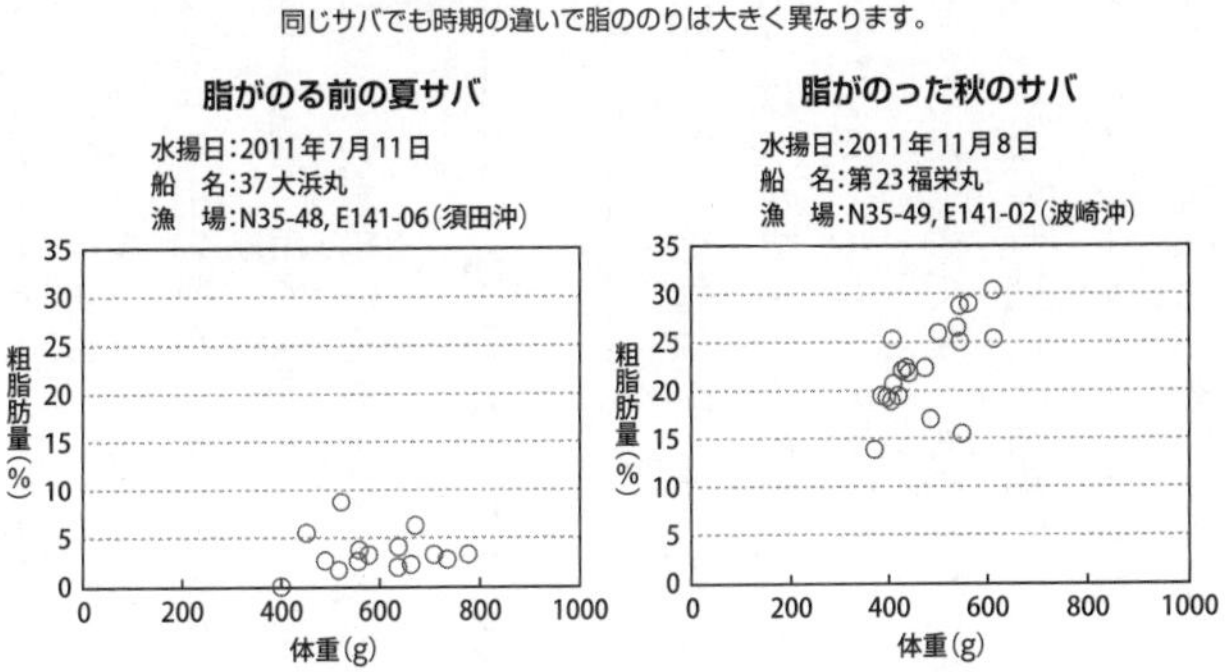

同じサバでも時期の違いで脂ののりは大きく異なります。

(出典:千葉県ホームページより作成)

費者が多くいます。脂がのっていない時期でも魚を獲って販売してしまうシステムが消費者に魚離れを引き起こさせ、消費の減退と魚価安の原因になっており、水産業の衰退の理由の一つになっているのです。

消費者の選択基準は甘くありません。美味しい「旬」の時期を意識してもらうために、例えば脂肪分が15%を超えた時点で北部太平洋のマサバ漁を解禁し、20%を超えた時点でさらに美味しくなったと宣伝すれば、消費者に注目されやすくなります。そして再び脂ののりが落ちたら水揚げを終了するのです。そうすれば美味しい時期に水揚げされて、サバの価値及び水揚げ金額も上がるという好循環になるはずです。

オランダやドイツといったヨーロッパの国々

では、毎春「マチェス」と呼ばれる塩漬けの生ニシンを賞味する習慣があります。脂がのって美味しいものでないとマチェス用の原料にはなりません。しかし、一度その時期にマチェス用の原料の水揚げが始まると、たちまち浜値（水揚げ地で取引される値）が急上昇します。旬の時期のニシンに対して特別な需要があるのです。味で消費者の期待を裏切らない水揚げを毎年続けていけば、日本人の魚離れも止まるはずです。

「ジューシー」か「パサパサ」か

「『あ、ジューシー！』そのさばはきっとノルウェー産です」

「パサパサ、それは国産サバかも知れません」

前者はノルウェー水産審議会の宣伝文句です。脂肪分は大方25～30％と、どれを食べてもまさにジューシーで脂がのっていて美味しいサバです。後者は、筆者が日本のサバを表現したものです。旬の秋には脂がのっていて充分に美味しいのですが、問題は脂がのっていない時期にも漁獲して、流通させてしまうことです。

スーパーマーケットの売り場に並んでいれば誰かが買います。「脂がのっていない時期なので、美味しくないかも知れません」と言って販売する店はありません。味噌煮、塩焼き、特売用等のコメント付きで鮮魚売り場に並びます。3枚におろされている身を見ると、脂がのっていない赤みをおびた切り身を見かけることがよくあります。消費者は、美味しくない魚が販売されているとは思ってもないでしょうから、実際に食べて美味しくない場合は「次は買わない」ということが考えられます。こうして「売れないサバ」が出来上がっていくのです。ノルウェーサバは、脂がのった時期のものが買付け業者により輸入されるので「売れるサバ」が出来上がります。旬ではない魚は売れないので、輸入の時点で買付け業者によるフィルターがかかります。そして、いつの間にかノルウェー産のタイガーストライプ（縞模様）のサバは美味しいというイメージが日本の消費者に定着し、価格がやや高くてもよく売れるようになっています。

シシャモの資源管理

スーパーマーケットで販売されているカラフトシシャモ（以下、シシャモ）についても見てみましょう。このシシャモ、数年単位でノルウェー産を見かけなくなるのをご存知でしょうか？

まずノルウェーもアイスランド同様に必要な産卵群（＝種火）を残して、それを上回った分をTACとして発給します。資源に減少傾向が見られるといったん禁漁を行い、資源回復を待ちます。こうして近年では1994~1998年（5年間）が禁漁、1999~2003年（5年間）が解禁、2004~2008年（5年間）が禁漁、2009~2013年（解禁中）というパターンになっています。5年ごとという決まりはなく、あくまでも資源の状態次第ですが、シシャモの資源は大きく変動するのでその変動に合わせたTACの設定という考え方です。

ここでも日本の漁業と大きく異なる点は「産卵する魚の資源は必ず残しておく」ということです。常に種火は残します。そして資源が減少して禁漁期間を設けたとしても、4~5年経てば再び資源が回復してTACが設定されることを各国の買付け業者は熟知しているのです。日本のように、種火が消えたことに気付いてから慌てて火をおこすようでは、回復までに必要以上の時間を要し、多大な経済的な損失と水揚げ地の疲弊が起きてしまうのです。

資源が激減してしまった東シナ海の漁場について『漁業という日本の問題』（勝川俊雄著）に次のような一節があります。

「筆者の所属する三重大学では、毎年、東シナ海でトロール操業の実習を行っています。

図15　東シナ海（＝以西）での水揚げ推移

東シナ海(＝以西底引き漁、巻網漁業)での水揚げ推移。資源が激減してしまったままである様子が容易に分かります。

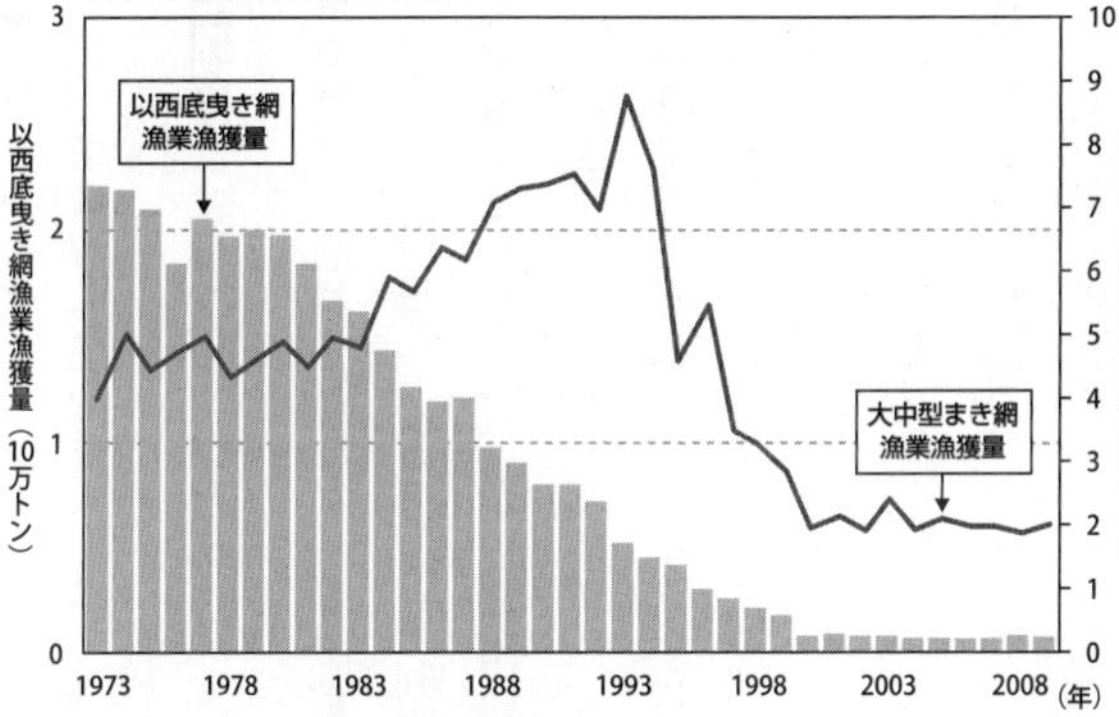

（出典：水産庁・水産総合研究センター資料より作成）

筆者は二〇〇八年の航海に参加しました。何時間も網を曳いても、獲れるのは商業価値のないカニばかり。東シナ海は砂漠のような海になっており、かつての豊穣の海の面影は、どこにもありません。乱獲によって、生態系が完全に変わってしまったので、今すぐ全面禁漁にしたとしても、もう元の状態に戻らないかもしれません。（中略）自らの過去を真摯に反省したうえで、中国・韓国と共同で、国際的な漁業秩序を構築していく必要があります」

まさに種火が消えてしまっている状態なのです（図15）。

では、資源回復に成功しているノルウ

ェーをはじめ、世界の漁業国が運用する漁獲システムとはどのようなものなのでしょうか。順を追って解説していきましょう。

個別割当制度とオリンピック方式

第1章で簡単に触れましたが、資源管理に成功している国々が採用している漁獲システムに、TAC（漁獲枠）と個別割当制度があります。日本でもこの漁獲枠が、わずか7魚種を対象としたもので、かつ運用面で問題があるものの採用されていることについては、すでに説明したとおりです。

この、科学的な知見に基づくTACは、個別割当制度とセットで運用されることで効果が発揮されます。本来TACはABC（生物学的漁獲許容量）を考慮して漁獲枠を決めますが（例：第1章・図6、米国のスケトウダラ）、日本の現在の漁獲枠は、もともと漁獲される見込みの数量より多く設定され、さらに漁期の途中で数量を増やしたりしており、前提が異なるので論外です。一方、諸条件を考査し、最適な運用が図られる国々では、まずTACが的確に運用されて資源の安定・増加が確認された上で、次に個別割当制度の導入という順序で資源管理の運用が進んでいるようです。本来は同時運用でも良いのですが、個別割当制度の導入には各国でも漁業者の反論があったといいます。しかし今では、明確な良い結果が出ているので漁業者から反対が出るはずはありません。日本はこうした、すでに各国で出ている成功事例を見てその政策を取り入れることができるのですから、これらをお手本にしない手はありません。日本の水産業が衰退の一途を辿っていることは誰の目にも明らかですが、この悪い流れを止めて、持続的に良い方向に大転換させるための、極めて現実的な特効薬が、個別割当制度なのです。

ここで改めて日本型漁業の典型である「オリンピック方式」と「個別割当制度」について解説します。どちらが良いかは、読んでいただければ分かると思います。その是非は、結果が証明するまでもありません。

①オリンピック方式

読んで字のごとく「早いもの勝ち」で漁をするやり方で、実力主義です。成果は漁業者の技量に大きく左右されます。そのため漁場や漁の技術をオープンにはできません。漁は競争です。漁獲枠とともに漁期は終了します。従っていったん漁期が始まれば休むことなく、価値が低い小型の魚であっても獲り続けます。できるだけ多くの魚を一度に港に持ち帰ろうとするので、魚が獲れれば港は水産物で溢れます。そうすると処理能力以上に水揚げされることが多くなるので、冷凍や加工が間に合わない原料は鮮度と価値が落ちていきます。漁期は短くなり、大量に処理するために魚の扱いも雑になってしまいます。漁業者も、水揚げされた水産物を処理する冷凍加工業者も必要以上に大きな規模と人員を短期間のシーズンのために持つことになり、効率が悪く、多くの無駄とチャンスロスが発生します。日本の漁業は、水揚げ量が漁獲枠に近づくと枠が増えてしまいます。TACというシステム自体すら機能していない、最も拙いオリンピック方式が一般的になってしまっています。その必然的な結果が、残念ながら現在の日本の水産業の姿なのです。

米国はTACが機能しているオリンピック方式でしたが、米国海洋漁業局（National Marine Fisheries Service＝NMFS）によると、2011年に米国西海岸のトロール底魚操業で個別割当（IQ）方式を実施し、水揚げ金額が2005〜2009年の過去5年間の平均を上回ったことを発表しました。パシフィックホワイティング（タラの一種）狙いの漁船の1隻当たりの漁獲高は5年平均比で3倍弱にまで達したそうです。収入の増加に加え、パシフィックホワイティング狙いの漁船の混獲・洋上投棄の割合は制度導入前の17%から5%に減少。「NMFSは『従来制度では悪天候や市況が好ましくないときでも、漁獲枠が全枠消化されるまで漁業者は漁獲競争を繰り広げた』と説明。新制度の導入で『安全な天候、収益性の高い市況のタイミングで持続可能性を意識して操業できるようになった』としている」(みなと新聞、2012年2月27日付)と説明しています。

②個別割当方式

オリンピック方式とは対照的に、漁業者や漁船ごとに、つまり個別に、年間に漁獲できる魚種ごとの数量を、科学的根拠に基づき明確に規定する制度です。この制度には具体的な方式が3種類あり、導入している国によって採用するタイプが異なりますが、個別に漁獲枠を割り当てる基本は同じです。個別に割り当てられた枠を他に譲渡できないタイプがIQ(Individual Quota:個別割当)、譲渡できるタイプがITQ(Individual Transferable Quota:譲渡可能個別割当)、漁船とセットで譲渡できるタイプがIVQ(Individual Vessel Quota:漁船別個別割当)です。枠の保有についても、漁業者以外は個別割当を持てないノルウェーのような国もあれば、漁船を持たなくてもTACを保持できるニュージーランドのような国もあります。この制度を日本の事情に適合させて導入すれば良いのです。重要なのは、個別に漁獲枠が割り当てられていることなのです。

③個別割当によるメリットと留意点

ではこの個別割当制度のメリットは何でしょうか。デメリットは見当たらないといっても良い制度ですが、留意点とその対策も含めて挙げてみます。

メリットとしては、①資源が回復・安定する、②小型の魚や〝大漁〟水揚げが回避され、魚価が上昇し水揚げ金額が増加する、③価値の高い旬の時期に獲ることで、美味しい水産物の供給が増え、魚離れを防ぎ、需要を増加させる、④価値のある原料が増えることで、付加価値の高い水産加工品の比率が高まり、水揚げ金額だけでなく、加工業者の売上も増加する、⑤漁業者の労働条件が大幅に改善する（給与の上昇、休暇取得が容易になる、利益が出ることで漁船の設備が良くなる。若者の就労が増え後継者不足の問題の解消につながる）、⑥水揚げ地が水産資源とともに再生し、加工・冷蔵・物流等様々な産業が生まれる、などが挙げられます。以上は、筆者や「ノルウェー水産業に学び、東北水産業を日本一にするプロジェクト」（※詳細は第4章で紹介します）に参加した人たちが、実際にノルウェーで見聞してきたことも含め、すでに結果が出ている事例です。

留意点としては、特定の漁業者に利益が集中しやすくなる分、利益の適正な分配が重要になります。漁獲枠設定の期限を設ける必要があるでしょう。では、その方法とはどのようなものでしょうか。

④分配方法

他国の具体的な導入例をもとに説明しますと、①ノルウェー等の分配経緯を十分に研究した上で、過去3～5年の実績を考慮した比率で利益配分する、②寡占化を防ぐために、一つの経営体のシェアを最大10％等に制定して上限を設ける。また、個別割当枠の権利は20年間等の期限を設定し、永続的な利権化を避ける、③資源調査の不確実性のリスクを軽減させるために、TACの配分は控えめな設定とする、という方法を採るのです。

ここで改めて述べたいと思いますが、漁業で大事なのは、水揚げ数量ではなく水揚げ金額です。個別割当の配分については、控えめな設定をすることで、数量が減少し過去3～5年の水揚げ金額より下がる場合もあり得る。その場合、不足した金額を「収益納付」という形で国が保証する。数年（例えば3年）後、水揚げ金額が資源回復により上昇した場合は、国に保証金額を返還する。万一回復しなかった場合は返す必要はない。これで金額的なリスクは漁業者にはなくなるのです。

漁業者は当然自らにより多くの配分を求めますが、漁業者全員の希望通りにはできません。しかし個別割当は全員の将来の手取りを増やす手段でもあります。最後は、科学的な根拠を元に、厳格に国が決めなくてはなりません。

ノルウェーでは配分に際し、小型船の漁業者へは、TAC割当が少ない魚種に対して有利に配分します。個別割当制度は、米国やニュージーランドでは、先住民にも別枠でTACを配分しています。このことから、沿岸の漁業者を優先して守ることができる制度だと分かります。そして資源を安定・増加させ、関係者だけでなく広く地域に経済的な恩恵を与えることができる制度なのです。

漁船ごとに水揚げ量を把握し、違反や虚偽報告がないか監視するには、VMS（Vessel Monitoring System：衛星通信漁船管理システム）を設置し、水揚げの際に自動計量器を通すことを義務付け、もし違反した場合は、多額の罰金とTACの削減等の厳しい罰則を設けます。これらの管理方法は、すでにノルウェーやEUで実施されており効果を発揮しています。国民共有の財産（＝水産物）に対する違反の罪は重いのです。これに加え、すでにEU向けの輸出では不可欠になっている漁獲証明が出せるシステムも義務付ければ、より抑止力が高まるでしょう。

⑤調査方法

次に調査方法について見てみましょう。

まず、ノルウェー、アイスランド、EU等の水産資源学者から詳しい情報を集め、意見を聞くことです。無論、科学的な調査には限界もあるでしょうが、まずはその取り組みが重要です。筆者は、科学的な調査においても日本は世界最高レベルに達することができると信じています。予算の問題があれば、漁獲枠を与えて漁船に協力を求めることです。漁業者は、発給された漁獲枠が実際の資源量に比べて少ないと不満に思えば、再調査を行う場合も積極的に協力してくれるはずです。

例えばニュージーランドでの南ダラの資源調査には、ニュージーランドの譲渡可能個別割当（ITQ）で日本船が調査を行っています。調査費用は、TAC（漁獲枠）をもらうことでまかなわれています。管理されたTACは、それだけで価値があるのです。

しかし、今の日本の漁獲枠制度で漁獲枠をもらっても、そもそも個別割当ではないので各々の漁業者にとっては価値がありませんし、たとえ個別割当であっても、シーズン中に漁獲枠が増やされてしまうようでは漁獲枠自体の価値が低くなるので、調査に協力するなら具体的な金額で欲しいということになるでしょう。個別割当制度では、泳いでいる魚自体を調査費用として充当することができるのです。

個別割当制度導入へのハードル

以上のように、個別割当制度は、期待される効果が極めて高い制度なのです。科学的根拠をベースにした個別割当の漁獲枠であれば、その分の魚は確実に獲れて価値もあります。水産庁は、2008年に日本で個別割当（IQ・ITQ）制度を導入した場合、合計437億円（検査官人件費×3名×597港＝140億円、検査官人件費×3808隻＝297億円！）という巨額な行政コストが毎年かかる、という試算を発表しました。実施するための方法と経費の調達は、漁獲枠の一部を費用に充てる方法をはじめ、サバ、アジ、イワシ、スケトウダラなど一度に大量に獲れる多獲性魚種に限定するなど、やる気になれば予算の捻出方法はいくらでも考えつくはずです。

2012年のアイスランドでの水揚げ量は約150万トンが見込まれていました。このうち、譲渡可能個別割当（ＩＴＱ）制度の対象は約25種類で、漁獲金額の95～97％がカバーされています。一方日本では、新潟県で独自に始まった甘エビ（ホッコクアカエビ）の個別割当（ＩＱ）制度の対象数量は、日本の総水揚げ量（５００万トン弱）の１％にもなりません。同様に管理されている水産物を加えたとしても１％にも満たないので、まだ数量的には話にならない状態です。良い取り組みはどんどん広め、増やしていくべきです。新潟県の取り組みについては、第４章で改めて紹介します。

持続可能な漁業を行い、水産業を復活させていくためには、複数の水産物で漁獲枠を設定し、これを個別割当（ＩＱ・ＩＴＱ・ＩＶＱ）制度で国が管理することが不可欠なのです。そしてこのことが、衰退している水産業を成長産業に転換させるための最重要施策なのです。

資源管理における世界の常識・水産エコラベル

世界の最前線で買付けを行っている筆者のような立場からすると、そもそも厳格に資源管理が行われていないような水産物は、中・長期的な輸入の対象とすることは極めて難しいと言えます。欧米のように水産資源に対する消費者意識が高い国々では、資源管理されていないものは市場から排除されていきます。各国は、「販売を決定的に左右する水産エコラベル（ＭＳＣマーク）の認可の取得」「ＩＵＵ（Ilegal, Unreported Unregulated：違法・無報告・無規制）漁業の水産物排除」「漁獲証明（catch certificate：資源管理された水産物であること）の管理」等にしのぎを削っています。水産エコラベルとは、漁獲ルールを遵守し、水産資源の持続的な活用を図り、かつ環境にも配慮して漁獲を行っていることを認証する制度で、ラベルはその認証を証明するものです。また、米国モントレー水族館のシーフードウォッチ[註1]のようにインターネットを使って、各水産物の資源状況を知らせて、バイヤーや消費者が購入の是非を決められるケースも増えています。

欧米をはじめ資源管理への関心が高い国では、消費者の考え方とその消費動向が、日本と大きく異なっています。資源を持続的に管理しなければ、消費者が購入を止めてしまうケースもあります。今の日本では考えにくいのですが、これが今後の世界市場の趨勢となっていくことでしょう。さらに人口増加と新興国を中心とする経済成長による需要の増加で、水産物の市場はさらに拡大していきます。しかし、絶対的な水産物の需要は増加しているものの、厳格な資源管理がされておらず持続性が疑われる水産物は、マーケットから排除される傾向が強まっています。

ＥＵでは２０１０年から漁獲証明がない水産物は輸入できなくなりました。ＥＵ向けに輸出するためには、輸出国はそのつど資源管理された漁獲物であることの証明書を出す必要があります。ノルウェーでは、迅速に発行するために電子化を進めています。同じ天然魚でも、ＥＵ向けと日本向けではノルウェー側が用意する書類が異なります。勿論、ノルウェーでは資源管理が徹底されているので証明書が出されないケースはないのですが、このように輸入国が「過剰に漁獲されている水産物は輸入しない」という意向を明確にすることで、輸出国も経済的な影響が出ることを回避するために、結果的に乱獲は減少するのです。

水産エコラベルの導入が進んでいるドイツでは、ラベルについて知っている人の割合が２００８年は10％、２０１０年は36％、２０１１年は52％で、そのうち22％はラベルが意味する内容も理解しており、マークの認知度が急速に高まっているそうです。同じ水産物でも輸出国によって水産エコラベルがある国とない国がある場合、既に同国では選択の余地はなく、ラベルがない国の水産物は初めから輸入対象から外されると言います。

マリン・エコラベル　　MSCエコラベル

消費者意識が高い欧米諸国

モスクワの中心部で、ファストフード大手のマクドナルドの品質保証・供給網責任者が「ロシアの魚は使っていません」と発言したそうです。同社の「フィレオフィッシュ」はロシアでも人気があり、原料に使用されるスケトウダラの漁獲量は2012年に160万トンと、ロシアが世界最大を誇ります。にもかかわらず、なぜ自国の魚を使用しないのでしょうか？　理由は、持続可能な漁業で漁獲している水産物であることを証明する水産エコラベルの一つ「MSCマーク」の使用認可を受けられていないからです。

MSCマークとは、水産エコラベルの一つで消費者の水産資源管理についての関心を高め、消費者の購買行動を通じて、持続的な水産物の生産を促進することを目的としています。世界自然保護基金（World Wide Fund for Nature

＝ＷＷＦ）とユニリーバが１９９７年に設立し、イギリスに本部を置く海洋管理協議会（Marine Stewardship Council ＝ＭＳＣ）が１９９９年から認証制度を開始したものです。

日本では水産エコラベルとして、２００７年から大日本水産会がマリン・エコラベルを制度化しています。アイスランドでも２０１０年から独自のラベルを取り入れました。前述の米国モントレー水族館のシーフードウォッチでは、青・黄・赤で資源状態を分かりやすく表示しています。

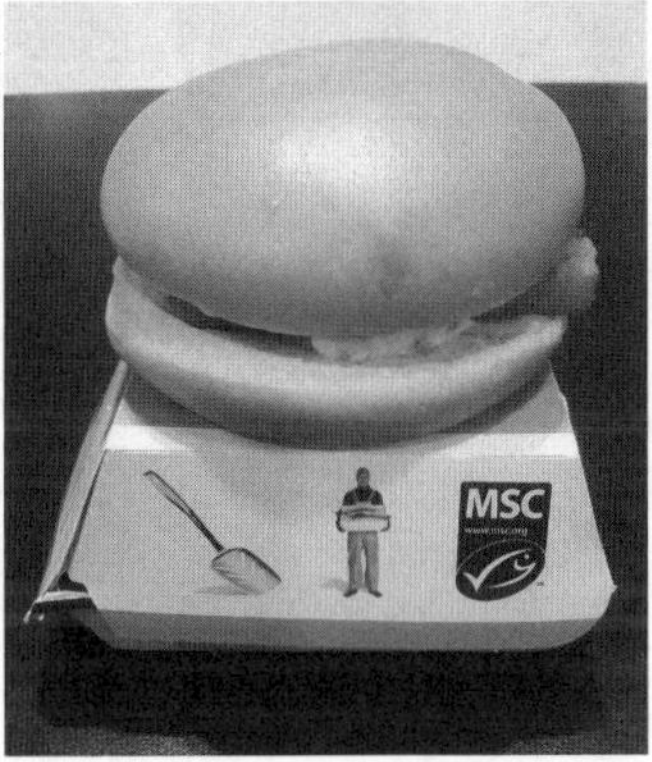

筆者がロンドンで撮影した、海のエコラベル（MSCエコラベル）が付いたフィレオフィッシュ

マクドナルドは２０１１年、欧州39ヶ国、７０００店でＭＳＣマークの取り入れを決めました。同社で２０１０年度に欧州39ヶ国で販売されたフィレオフィッシュは1億食だそうです。

欧米では資源管理に関する消費者の意識は、日本と比べものにならないほど高いものです。そして欧州に続き、２０１３年２月には、本家の米国でも欧州の２倍に当たる1万4000を超える店舗で原料の白身魚のすべてを、MSC認証を受けた水産物からの製品にすることにしたのです。全米外食チェーンでは初の試みだそうです。今後同様の取り組みが増えると予想され、消費者の資源管理に対する意識もさらに高まることでしょう。

売れ行きを左右するエコラベル

欧州市場では、同じスケトウダラでも水産エコラベルが付いている米国産と、付いていないロシア産では売れ行きが決定的に異なります。2011年は、米国産のスケトウダラフィレの販売が前年比4割増に対しロシア産が減少し、MSCマークの有無による販売格差がついてしまいました。ロシアは、自国で漁獲したスケトウダラを中国で加工し、欧米への輸出を増やしていた矢先にMSCマークがないことを理由に買ってもらえなかったり、買い叩かれたりするようになりました。ロシアスケトウダラ協会は「これは200カイリ規制の大波と同じだ。でも、これに追いついていかないといけない」（朝日新聞、2013年1月25日付）とコメントしています。ロシアは必死に巻き返しを図っているところです。

しかしMSCマークの取得は容易ではありません。乱獲で魚が減らないように、第三者機関の専門家が詳細な調査を行っています。ロシアは2008年にスケトウダラを申請し、当初は2010年末にも認証を受けるとみられていましたが、毎年のようにスケジュールが延期され、2013年8月現在、最終段階にあると言われるものの、まだ認証を受けていません。認証については、第三者機関による異議申し立てが可能なため、それを審議する必要性が生じ、認証が遅れることがあります。また、認証後も毎年、年に一度の監査を受けなければなりません。

ロシアからのカニ駆け込み輸入の真相

ロシアの認証取得のネックになっているのが、密漁と乱獲です。このためロシア政府は密漁密輸防止協定を日本や韓国、中国などの関係国と結び始め、官民揃って対策に乗り出しています。

2012年9月、ロシアでのAPEC（アジア太平洋経済協力会議）首脳会議の際、野田佳彦首相（当時）とロシアのプーチン大統領の首脳会談で「水産物の密漁・密輸出対策に関する日露協定」に合意しました。背景にあるのは、ロシアの乱獲対策です。

日本で集計されているロシアからのカニ輸入通関統計が、ロシアが把握しているカニ輸出通関統計より非常に多くなっているからです。ロシア産のカニは、日本国内に出回るカニの総量の6割前後を占めています。協定によって「国内に出回るカニの量は減り、価格に影響が出る可能性は否定できないだろう」というのが水産庁の見解です。水産庁によると、ロシア政府は極東海域でTACを決め、漁業権を持つ正規船だけに漁を認めていますが、外国船などを偽装した違法操業が後を絶たないそうです。

前述の日露協定ができたため、日本のカニ市場は2012年9月以降、駆け込み輸入が急増し値崩れを起こしました。2012年のタラバガニ年間通関量1万8000トンのうち、活タラバガニが前年比2・7倍、冷凍タラバガニが1・8倍と急増しました。搬入量が増える一方で、価格は大幅に下落していきました(図16)。

日露協定は、ロシア国内の輸出業者がカニを輸出する際、ロシア政府が漁獲海域や量をチェックした証明書を発行し、日本政府はその証明書を税関で確認した上で輸入を認めるという内容です。協定発効後は、証明書がないカニの日本国内への輸入は認められないことになります。そこで、その前に売ってしまえ、と大量のカニがロシアから日本になだれ込んで、供給過剰により相場が大きく下落したのです。

図16　ロシア産冷タラバガニ輸入量と単価の推移

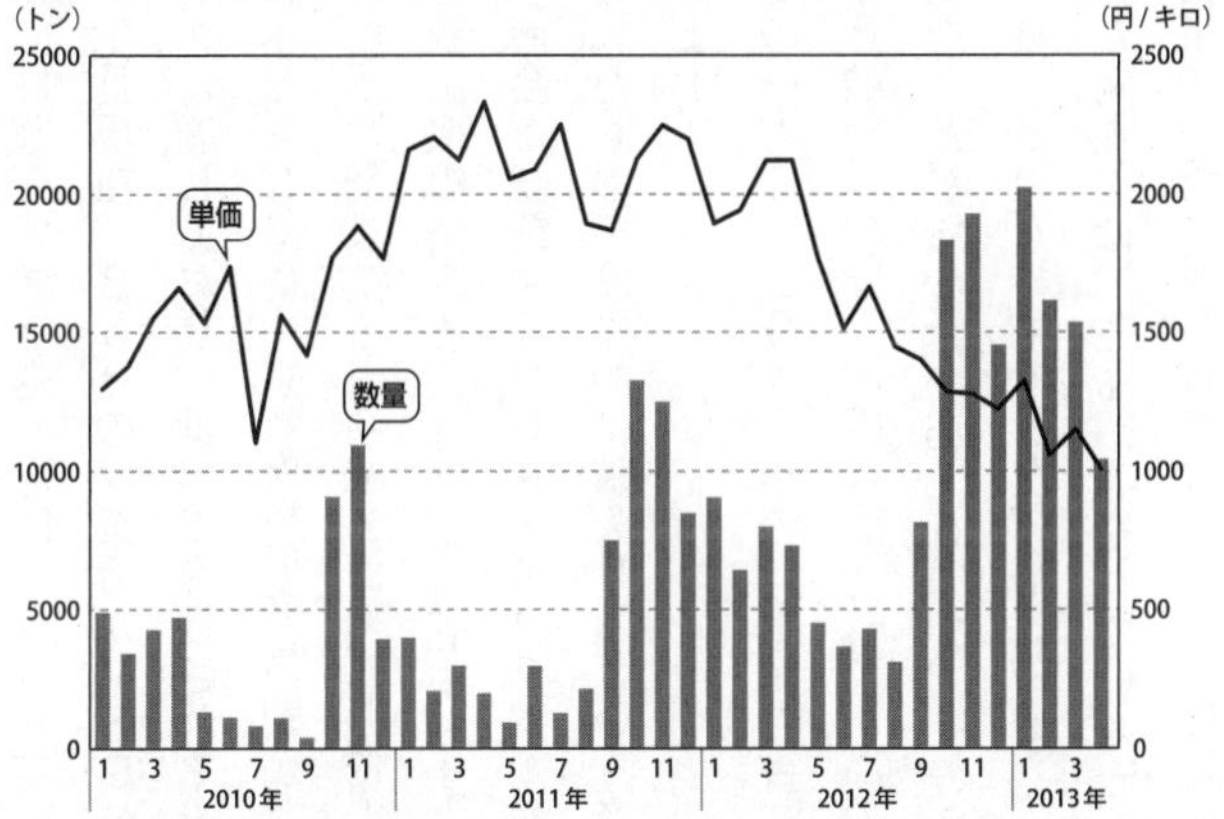

(出典:財務省貿易統計のデータより作成)

「なぜTACの数倍のカニを獲っていたロシアが、急に資源管理を強化したのか?」の理由については、経済的な影響が大きいと考えるのが自然です。資源管理をして水産エコラベルを付けられるかどうかで、販売とその利益に決定的な影響が出るのが明白になったため、必然的に変わらざるを得なくなっているのです。

ロシアの北東サハリンのマス、西カムチャッカの紅ザケとMSCマークの認可が続いていますが、これらは特に欧米市場を意識したものと言われています。ロシアはスケトウダラのマークの認証取得により、米国に後れをとる欧州向け販売で巻き返しを図ろうとしているのです。MSCマークに関しては、2013年1月現在、250の漁業者がMSCのプログラムに参加、その水揚げ合計は900万トンに達しており、世界で漁獲される天然魚の10%を占めるようになっています。

日本でも3漁業（京都府機船底曳網漁業連合会のズワイガニとアカガレイ漁業、北海道漁業協同組合連合会のホタテガイ漁業、北海道漁業協同組合連合会のシロサケ定置網漁業）がMSC認証取得済みまたは認証審査中です（2013年7月時点）。しかし日本では、大日本水産会が認証するマリン・エコラベルやMSCマークに対する認知度は低く、資源管理されたものを優先的に購入するという意識は、まだまだ消費者には浸透していないと思います。

その一方で、2011年の『水産白書』に「消費者のエコラベルの認知度と購入にかかる意識」について次のような数字が出ています（図17）。エコラベルの「マーク（言葉）を見たことがある」が25・5%で、そのうち13・3%が「マーク（言葉）の意味を知っている」という結果でした。前述の通り、同じ2011年にドイツで実施したMSCマークの調査では、52%が「知っている」、そのうち22%が「内容も理解している」という結果でした。現時点では、ドイツに比べて日本の認知度は低いのですが、日本の場合

図17　消費者のエコラベルの認知度と購入にかかる意識

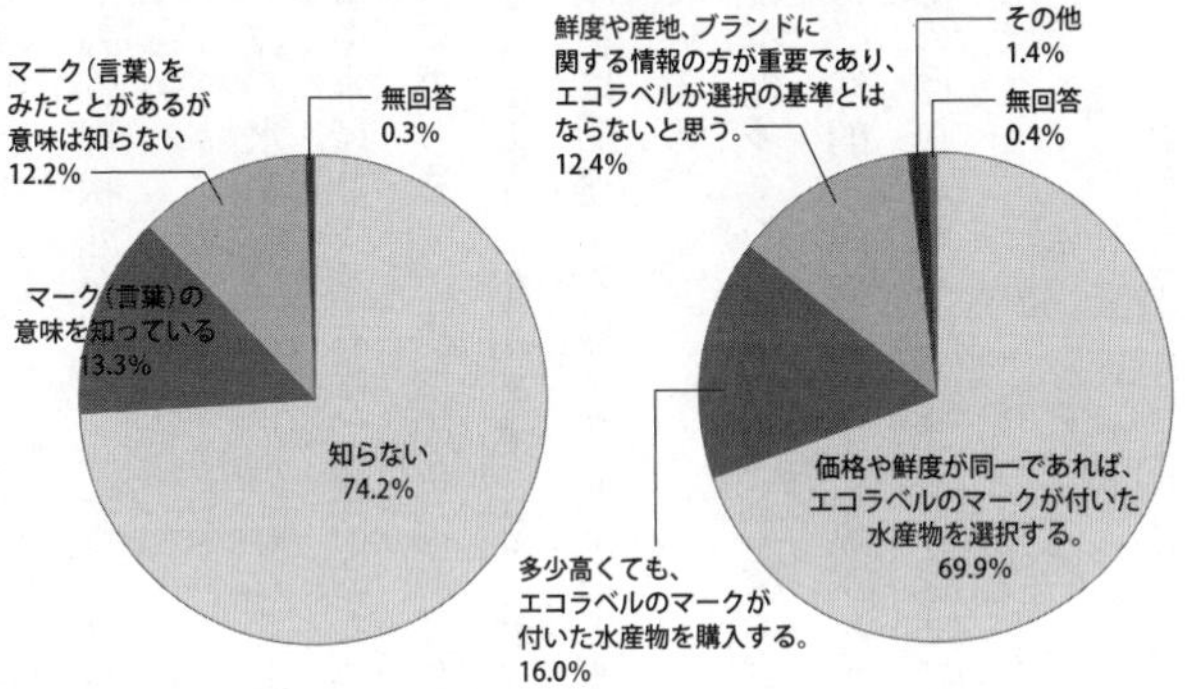

注：情報交流モニターのうち、消費者モニター1,800名を対象。回収率は90.3％（1,626名）
（出典：「水産白書」をもとに作成）

は「多少高くても、エコラベルのマークが付いた水産物を購入する」が16・0％、「価格や鮮度が同一であれば、エコラベルが付いた水産物を選択する」が69・9％と、消費者のエコラベル商品に対する潜在意識が高いことが窺えます。

資源管理が厳正になされた魚種は、いずれ資源が回復・安定することにつながるので価格は安定してくるはずです。資源管理をした結果、消費者は安心してより多くの魚を購入するようになるのではないでしょうか。

水産エコラベルの効果とメリット

水産エコラベルが普及することによる

最大のメリットは、資源が回復し持続性が向上する手助けになるということです。資源とその管理状態が評価・指導されることで、各魚種の客観的な実態や問題点が分かります。

一方、水産エコラベルの普及で消費者がラベルの付いた商品を選ぶようになると、漁業者や水産加工業者は、経済的な要因が絡むことにより、自ら積極的に資源管理を行うようになります。小型の魚は漁獲されなくなり、大きく育った美味しい水産物が安定供給されるようになります。そして、水揚げ地での資源が安定することで収入が安定し、水産物に関連する様々な雇用が生まれ、さらに町全体が発展していく大きな潜在力を秘めているのです。

日本の多くの水産物が、水産エコラベルの取得を意識して漁獲するようになれば、乱獲は必然的に減少します。魚がそこにある限りたくさん獲りたいという要望も減少し、資源の回復と日本の水産業の復活に大いに貢献するでしょう。

註1
http://www.montereybayaquarium.org/cr/SeafoodWatch/web/sfw_factsheet.aspx?gid=14

第3章

知られざる
世界の水産業

これまで、日本漁業の現状と、北欧を中心とした資源管理について見てきました。本章では、資源管理を的確に行いながら成長を続ける世界の水産業について概観します。

減少を続ける日本の水揚げとは対照的に、世界全体の水揚げは1950年代の2000万トンから、2011年の1億5400万トンへ右肩上がりに増加を続けています（第1章・図2）。これを天然物と養殖物に分類すると、天然物は横ばいであるのに対し、養殖物が増加を続け、結果的に全体の水揚げ量を押し上げ続けています。2020年には養殖の比率は天然物の比率を上回り、供給の6割を占めるようになると推測されています。世界全体の水産物需要は毎年伸びていますので、水揚げ数量の増加率が低迷したり減少すれば、たちまち魚が足りなくなります。養殖魚の餌は、一部植物由来の餌も使用していますが、大半が天然魚です。餌としての天然魚の資源も維持・増加させなければなりません。また、天然魚に関しては、年々食用の比率が高まっています。価格が安い餌用の比率を減らして食用分に充当させているのは当然の流れと言えます。

世界の漁業養殖従事者は、1990年の3100万人（天然物従事者：2700万人、養殖物従事者：400万人）から、2010年には5500万人（天然物従事者：3800万人、養殖物従事者：1700万人）と毎年増加しています。さらにサービスや商品を提供する人数を加えると、世界人口の10〜12％にあたる6億6000万〜8億2000万人もの生計を支えていると試算されています（FAO統計）。水産業の裾野がいかに広いかが分かると思います。

天然物は横ばい

世界の天然物の水揚げ量は、2011年に9000万トンと前年比2・0％の増加。ただし、1980年代の半ばから微増か横ばいの傾向にあります。FAOによると、2011年で水揚げ量が多いのは、ペルーのカタクチイワシ（830万トン）、米国のスケトウダラ（320万トン）、カツオ（260万トン）、大西洋ニシン（180万トン）、太平洋サバ（170万トン）と多獲性魚種が上位を占めています。国別では、中国（1600万トン）、ペルー（830万トン）、インドネシア（570万トン）、米国（510万トン）、インド（430万トン）となり、日本（380万トン）は順位を落とし、2008年の4位から7位となりました。

日本は1980年代には、1000万トンを超える水揚げが続きましたが、これまで見てきたようにイワシやサバをはじめ多くの魚種を獲り過ぎました。まさに崖っぷちですが、今からでも遅くはありません。これまでに適正な資源管理を開始していれば、水産大国として世界への水産物供給に多大なる貢献を続けられたかと思うと対策の後れが悔やまれます。

国によっては、同じ水揚げ数量の増減でも、その内容が違う場合があります。資源管理をしっかり行っている国々では、持続的な漁業にするために、必要な親魚を残して産卵させ、それ以上の数量をTACとして配分するので、いったん資源が減少しても必ず再び増加します。しかし、チリのマアジが激減したように（2007年200万トン↓2011年60万トン）、自国のEEZの外側でロシア・中国・ペルー等の外国船が乱獲したことで資源が大幅に減少したと考えられるケースは、種火（産卵用としての親魚）にも手を出されてしまったために発生したことなので、回復は容易でないと考えられます。特にEEZの外側は公海であるため、チリが自国のEEZ外の沖合での諸外国の漁獲を制限することは容易ではありません。

世界の漁船の漁獲能力は、あらゆる状況・環境に対応できるように高性能化が図られますます先鋭化しています。日本は北海道沖のサンマ、東シナ海のアジ・サバを主に含む魚種、日本海のクロマグロなど複数の国のEEZをまたいで回遊する多くの魚種に関し、ロシア・中国・台湾・韓国といった近隣諸国と、自国の水産資源はもとより、EEZの外側の資源に関しても、資源の持続性に関して真剣な話し合いをしなければなりません。1977年の200海里漁業専管水域の設定以前は、漁獲能力が高い日本の漁船が、近隣諸国の海域から排除されるケースが後を絶ちませんでしたが、時代は変わり、今度は日本側が自国のEEZとその資源をしっかり守れるかどうかに、日本の水産業の将来がかかっているのです。

養殖物は成長の一途

世界の養殖業は2011年6400万トンと前年比6・2%の増加となり、1961年以来、一貫して成長を続けています。また2006年以来、前年比6%前後の大幅増産が続いています。アトランティックサーモン、銀ザケ、エビ、クロマグロと、日本でもすっかりお馴染みの水産物が数多くあります。2011年に数量が多い水産物は、FAOによるとハクレン（530万トン）、コンブ（530万トン）、ソウギョ（460万トン）、コイ（370万トン）、アサリ（370万トン）が上位を占めています。特に中国での淡水魚養殖（ハクレン、ソウギョ、コイ）が増産されています。

国別では、中国（5000万トン）、インドネシア（790万トン）、インド（460万トン）、ベトナム（310万トン）、フィリピン（260万トン）の順で、日本（90万トン）は順位を落とし、2008年の8位から12位となりました。日本でお馴染みのノルウェーのアトランティックサーモンとトラウトを例にとると、1995年の28万トンから2012年の131万トンと4倍強となり、将来的には200万トン以上の養殖を目指しています。

ノルウェーの漁業大臣（Lisbeth Berg-Hansen）は2012年のトロンドハイムの漁業展示会でのスピーチで、「2050年には2010年の約6倍まで売上を増やす」という目標を掲げました。養殖の数量を増やすことに関しては、魚を養殖するという物理的なことよりも、むしろ市場の成長に合わせて増加させることに重点を置いています。また適正価格での餌の確保も重要な課題です。養殖業者たちが無理に数量を増やして供給過剰になれば、市場価格が下がり養殖業者だけでなく、加工・流通業者等の関連産業にも打撃を与えてしまいます。餌の需要が急激に増えれば餌の価格は上昇しますし、さらに主要な餌の供給国であるペルーのカタクチイワシの供給が、エルニーニョなどの自然現象で水揚げの減少が予測されれば、さらに餌の価格は上昇しやすくなります。市場はデリケートです。ノルウェーでは、日本、中国をはじめ世界各国に水産物審議会という窓口を設けて、マーケットを調査し、宣伝やイベント等を通じて需要の拡大に貢献しています。他の漁業者より多く養殖して競い、販売は市場任せという時代は終わりました。また、グローバル化・大型化も進んでいます。時代に合った新しい対応が必要です。

アトランティックサーモンやトラウト（ニジマス）の養殖は、ノルウェーとチリが2大生産国ですが、ノルウェーやチリの養殖業者が資本提携したり、餌の供給業者が資本参加したりと、目まぐるしい速さで巨大な養殖業者が誕生してきました。魚が感染するウイルスや寄生虫の問題、年々厳しくなる品質管理やトレーサビリティーへの対応と、世界市場で成長を続けるためには、とても小規模な個人事業者で対応できる時代ではありません。逆に、個々の養殖業者が「協業」や「分業」を行うことによって規模を拡大し、世界の顧客のニーズに応えられるようになれば、新たな市場が開拓されます。日本は養殖のための広大で豊穣な海を保有しています。また成長著しい中国をはじめとするアジア市場に隣接しているという強みもあります。

アトランティックサーモンに話を戻すと、ノルウェーの主要輸出先の一つに隣国デンマークがあります。ノルウェーで原魚を出荷して、デンマークまで陸路で輸送し加工して欧州全域に製品を販売しています。日本で例えるなら、九州や日本海側の中国地方でハマチ、カンパチ、マダイ、銀ザケ等を養殖して、鮮魚のまま中国や韓国へ船で輸出し、それぞれの国で加工して販売するというような仕組みが、既に欧州では形になって運用されています。日本でも船を利用すれば、地理的には可能な仕組みです。日本国内の市場頼みで養殖を続ければ、国内の販売動向が収益に大きな影響を与えます。鮮魚のまま近隣諸国にも出荷ができれば、国内では販売不振であっても近隣諸国への出荷を増やすことで販売のバランスが取れるでしょう。円安で輸入する餌が高くなれば、円安という「強み」を活かして輸出の比率を増やすこともできるはずです。また、鮮魚出荷が近隣諸国で増加し、供給面での貢献度が高まれば、日本を見る目も良い方向に向くはずです。

これから養殖水産物の重要性は確実に高まります。なぜ日本の養殖業が、世界の中で低迷してしまっているのか？　その原因と対策が何かを真剣に考える時が来ています。

米国の水産業と日本

米国は1976年に漁業保存管理法により、「200海里漁業専管水域」を制定し、1977年に設定しました。この水域内の魚類と水域外のサケなどの遡河性魚種（産卵期あるいはそれに先立って、海から河川に入ってくる魚類のこと）やカニなどの大陸棚魚種に対して、マグロなどの高度回遊性魚種を除き、排他的な漁業管理権を行使すると主張したのです。この米国の200海里法で最も大きな影響を受けたのは、大規模に米国沖へ出漁していた日本と旧ソ連の漁船でした。同漁場での日本の漁獲量は年間150万トンに達しており、日本の遠洋漁業の総漁獲量の3分の1を占める重要な漁場でした。一方で米国の漁獲は200万トン程度でした。米国は伝統的に領海3マイル主義を堅持して、沿岸から3マイルを超える他国の海洋主張を一切承認しないという態度をとってきました。これは、海洋における米国の安全保障上の利益を最優先する立場に基づくものでした。ところが、米国沿岸沖への日本、旧ソ連、東欧諸国といった外国漁船の進出が続き、米大西洋岸全域に漁場を広げていきました。そこで米国の沿岸漁業保護のために、1966年に12マイルの漁業水域を設定したのです。

しかし、日米間ではこの制度の適用を棚上げし、2年ごとに漁業協定を結んで操業してきましたが、それも1976年末でこの協定の期限が満了しました。米国との交渉進展の糸口を見出せない日本は、日本と同じ立場で米国沖で操業していたソ連（現ロシア）との交渉を見守っていましたが、ソ連は1976年11月に米国の200海里法を全面的に認めました。そして同年12月に、ソ連も200海里漁業専管水域を制定したのです。日本はソ連の海域で年間180万トンもの漁獲を行なっており、米国沖での漁獲も合わせると合計で330万トンという漁獲量で、これは日本の遠洋漁業の4分の3を占める量でした。こうして、日本の遠洋漁業は米国の200海里の制定を境に、大打撃を受けたのです。年間330万トンという日本の米国・ソ連沖での漁獲量は、両国の主要魚種であるスケトウダラの2012年度の年間漁獲量が約300万トンであることを考えると、いかに巨大な数量を日本の漁船団が漁獲していたかが分かります。

大成長を遂げた米国

2012年度のFAOによると、米国は水産物の輸入で2010年度に155億ドルと、日本の150億ドルを抜いて輸入額で世界第1位となりました。また2011年の米国商務省の発表によると、商業漁獲量で史上3位の458万トン。金額では53億ドルと過去最高となり初めて50億ドルの大台に乗せました。米国内の水産物市場が年々拡大しているため水産物の輸入が増える一方で、TACや個別割当制度を厳正に適用しているため資源が安定しています。そして成長する国内市場と海外市場の両市場にバランス良く販売しているため、収益も安定しています。そうした米国から日本はスケトウダラのすり身、カニ、銀ダラ、マダラ等多くの水産物を輸入しています。

米国の主要漁場であるベーリング・アラスカ水域では、TACの上限を全魚種で200万トンと決めています。主要魚種のスケトウダラのTACが2013年には125万トンと全体の6～7割を占めていますが、スケトウダラのTACが増える場合は200万トンという総量の上限が決まっているために、他の魚種のTACを減らすことになります。また、日本でお馴染みの銀ダラの漁獲（2013年TAC・2万2000トン）についても、同じ漁場で混獲されるオヒョウの上限枠（2013年TAC・1万4000トン）を決めることで、漁業者がオヒョウの混獲を避けるために意識的に漁場を変え、水揚げが分散します。日本のように慢性的に漁獲シーズン途中でTACを増やしたり、「混じり」「ジャミ」などと称して混獲したままで漁獲を続けたりすることがないので資源が安定し、拡大する世界市場の潮流に乗って、成長を続けているのです。

米国の水産業の歴史は、日本・旧ソ連などの外国漁船の乱獲による米国国内の水産資源の枯渇という危機意識に基づいた「守りの漁業」のように見えます。米国だけでなく、ニュージーランドや中国にしても漁業の歴史を調べると、日本の遠洋漁業に対して防戦し、領海を3マイルから広げて、日本漁船を遠ざけようとしてきました。

一方で、日本の漁業、特に遠洋漁業においては「公海自由の原則」に基づく「攻めの漁業」というDNAがあります。日本側の水産資源の減少や乱獲に対しての意識は希薄で、自分たちで開拓した海から締め出されて損をしたという意識が強く、同じ漁場で他国と競っても絶対に負けない腕と漁船を持っている、という強い自負があるのです。実際にその通りですが、海の資源は無限ではなく資源管理により持続させなければならないという意識が極めて低かったことが、米国と日本の漁業の未来を決定付けました。もし、200海里を施行した1977年以前に外国漁船が日本の沿岸で漁業を行い、自国の沿岸にある水産資源が減少するといった、攻められる立場にあったならば、きっと各国が200海里を設定した理由が分かり、200海里設定以降になってもまだ自国の領海で乱獲を続けて資源を枯渇させることはなかったでしょう。

米国の固い決意

もともと領海というのは、18世紀初めに決められた着弾距離が元になったという説があります。つまり大砲の弾が届く範囲が、陸地からの支配の範囲という理解でした。そして18世紀末に当時の着弾距離を基礎として、領海3マイルが唱えられて、一般化されたと言われています。1953年に国際連合により行われた調査では、57ヶ国中、日本を含む23ヶ国が3マイル主義を採択していました。着弾距離説自体は、相対性があり、技術の進歩とともに変化してもおかしくないものと考えられていました。その後1966年には、それまで12マイルを主張する国は25ヶ国でしたが、同年に米国が12マイルの漁業管理権を主張すると、それが80ヶ国に及びました。

沿岸漁民を保護するために、自国の漁業管轄権を拡大する法案は、米国内で多くの議論を引き起こしました。日本を含む大規模な外国漁船団の沖合漁場への出現によって深刻な打撃を受けている沿岸漁業、一方で他国が同じ制度を導入すれば他国沿岸から米国の漁船が締め出されてしまう。保護される沿岸漁業の利益よりも、外国で失われる米国の遠洋漁業の利益の方が大きいというのが反対論でした。

しかしついに、1976年に200海里漁業専管海域が制定され、水域内の魚類と水域外のサケなどの遡河性魚種やカニなどの大陸棚魚種を対象として、マグロなどの高度回遊性魚種を除き、排他的な漁業管理権を強化すると宣言したのです。米国としては先にも触れたように日本との友好関係を維持するために、1966年に12マイルの漁業水域を設定し、排他的な漁業管理権の設定を棚上げしてきました。しかしこれが米国沖での漁業資源の枯渇を招いた原因、と国内で非難されました。2年ごとに延長してきた期限が1976年末で終了するに際し、米国の200海里設定を認めない限り日本船の操業を認めないと迫ってきました。

米国の200海里設定は、もともと日本を含む外国船の乱獲から水産資源を守ることが主目的でした。旧ソ連にしても、1956年に調印された日ソ漁業条約は、北西太平洋における漁業の最大の持続的生産を維持することが、人類共通の利益及び両締結国の利益に合致することを認めたものでした。両国共に自国の水産資源を守ることが自国の利益につながることを意識していたのです。今から60年ほど前の話ですが、その時すでに漁獲能力が過剰であることは認識されていたのです。

攻めすぎた日本

しかし、日本の意識は異なっていました。漁業条約が、漁業資源の保存のために締結される以上は、漁業に何らかの制限がかかるのは言うまでもありません。しかし、そうした制限は締結国間で平等に課せられます。つまり、制限を守った範囲で自由に競って魚を獲るという考えでした。水産資源の適正な配分が保証されていない国際社会において、公海における漁業の競争は当然という考え方であったようです。

オリンピック方式と呼ばれる競争型は、今日の漁業においても悪い意味で受け継がれてしまっています。日本はこれまでの漁業の歴史において、各国に対して常に攻める立場でした。世界最高の漁法、技術、機器を持つだけでなく、その食べ方に至るまで水産物を知り尽くしていました。しかし、その攻めの姿勢がかえって仇《あだ》となったのです。各国は自国の200海里漁業専管水域での漁獲を持続可能とする方向に進んでいきました。一方日本は、200海里法で遠洋漁業から締め出されても、世界第6位という広大でかつ豊潤な海を持っていました。あまりにも自国の海が広く豊か過ぎるあまり、その価値に気付かずに乱獲に次ぐ乱獲を続けて水産業を衰退させてしまったのです。

中国の水産加工業に追われる日本

2007年に起きた毒入り餃子の問題をはじめとして、農薬や食物への抗生物質混入等の問題で、日本だけでなく欧米においても、「中国産」のイメージは悪くなりました。一連の事件や問題から時間が経過した現在でも「中国産」を敬遠する仕入れ先は、日本以外にも未だに存在します。一度崩れてしまった信頼、特に食という私たちの生活に必要不可欠なものに対する信頼はなかなか回復しません。

一方で、EUに輸出するためのHACCP（危害要因分析に基づく必須管理点）の中国認定加工場は550も存在し、米国の948、カナダの638に継ぐ数です。一方日本は26の工場に留まっています（2011年9月現在）。成長するEU市場に水産物を輸出しようとしても、日本より中国の方が許可を持つ工場数が圧倒的に多いのです。

2010年に秋ザケが北海道と東北で約16万トン水揚げされ、このうち約5万トンが中国に輸出されました。中国は輸入したサケを加工し、欧米に輸出して利益を得ています。日本では欧米への輸出許可を持っている加工場はほとんどないので、付加価値は中国で付けられています。中国の多くの水産加工場は、日本の技術指導のもと、ノウハウを手に入れてきました。地方からの出稼ぎ従業員が多いため、現場で働く人の入れ替わりが激しく、日本のような安定した品質にはなかなかなりませんが、それでも確実に加工レベルは上がってきています。

ただ、中国の水産加工業は、これから為替と賃金上昇という2つの要因のために、大きく変化する可能性があります。まずは為替の問題です。これまでは、原料を加工の委託元である日本の企業が中国に持ち込み、中国の工場に対して加工賃という形で代金を支払い、製品を日本に輸出する仕組みで成長してきました。しかし、中国の元《げん》が円やドルに対して高くなれば、手取り金額が減ることにより採算が合わなくなる可能性があります。現時点で元はドルと連動して小幅な変動に留まっていますが、1985年のプラザ合意により、円高が進み日本の水産物輸入を促進したように、今後いつ中国で同様のことが起きてもおかしくありません。

また、物価の上昇と経済発展に伴う人件費の上昇も避けては通れない問題です。水産業は人件費を上げなければ人が集まらないということが、かつて日本でもありました。

為替と人件費の問題を解決する手段として、海外の委託加工を減らして中国の内需向けの販売を増やすという道があります。委託加工で蓄えた資金で、直接原料をノルウェーや米国といった水産資源国から買付けて加工するのです。そして必然的に起こるのが日本との買付け競争です。

東シナ海をめぐる中国との関係

日本と中国、そして韓国は海を介して接しているため、漁船同士の問題が今後さらに増えてくると思います。問題が起こるのは、東シナ海の漁場のように両国間の海のケースと、遠洋で操業していた中国漁船が日本のEEZの外側ギリギリで操業するケースです。

また韓国では、黄海上の同国のEEZに中国船が入り込んで操業する違法操業が問題となっています。中国の黄海沿岸では乱獲や工業化による汚染で漁獲量が激減。一方韓国側では、イシモチ・ワタリガニなどの資源が豊富です。違法操業の規制が始まったのは中韓漁業協定が発効した2001年で、韓国側が中国側に操業許可した1700隻に対し1万隻が殺到し、違法操業が後を絶ちませんが、取り締まりの拿捕は年間400件前後で頭打ちの状態が続いていると言います。拿捕されても刑事罰はなく罰金のみ（5000万ウォン程度＝約450万円）のため、罰金覚悟の違法操業が止まらないのです。中国メディアは「近海では魚が獲れない。韓国側に行かざるを得ない窮状も理解して欲しい」という中国漁民の声を紹介しています。もし、韓国が規制を強化すれば、日本近海に漁船が南下する事態も起きないとも限りません。

また東シナ海沖合でサバを主漁獲対象とする中国漁船も急増しています。日中・中韓水域東側など日本水域ギリギリまで操業範囲を広げています。2011年の外国船操業調査では、延べ1500〜2000隻が発見されています。大半が底引き漁船と見られ、操業効率が高い「虎網《とらあみ》」と呼ばれる新しい網を使う中国漁船も300隻以上確認されています。日本遠洋旋網《まきあみ》漁業協同組合では、2011年のサバシーズン（9～11月）の水揚げは、過去10年の平均より65％少ない1万5000トン止まりで、虎網船の急増以外に原因を考え難いと言われています。中国漁船の急増で東シナ海のサバ資源の減少が危惧されています。

中国は13億人の人口と経済の発展に伴い水産物の需要が増加しています。沖合漁業では、膨大な数の漁船が漁場に出て行くと、日本や韓国のEEZにすぐにぶつかります。南米やアフリカの沖合で漁獲していた中国船は、EEZの外側での資源の減少や外国船の排斥でその漁場を失いつつあります。魚を獲りたくても獲る場所が充分でないというのが中国の漁業の実態です。その結果が沿岸諸国とのトラブルです。このままでは、乱獲、違法操業さらには領土問題とエスカレートしていくことが懸念されます。

水産庁は2014年発足を目標に、中国・韓国・台湾など近隣諸国とサンマの他、イカ、キンメダイなどの漁獲ルールを決める国際的な組織作りを進めています。現在これらの魚種は、公海での漁獲が実質的に野放しになっている状態です。またウナギの保護についても、中国や台湾と連携して取り組むことにしています。資源が増え、価値がある大きな魚が安定・継続して漁獲されていくことが、お互いの利益です。東シナ海のサバが減少している問題も含めて、共倒れしないよう資源管理策を関係各国で早急に打ち出さねばなりません。

史上最大のレイオフに見舞われたカナダ

東シナ海で起こった資源破壊と似たケースを一つ説明しましょう。世界3大漁場の一つであるカナダ（大西洋側）ニューファンドランド沖のマダラ資源。この漁場では20年もの間、マダラ漁が禁漁となっています。当初禁漁は2年程度と考えられていましたが、実際は20年もかかり、今ようやく回復してきていると言われています。

１９９２年、カナダ政府は４００年続いたマダラ漁の禁漁を決めました。このため加工場は閉鎖され、漁船は岸壁につながれたままになりました。ニューファンドランド島の経済的な生命線がわずか1年で途絶え、７００億ドル（約７００億円）分の仕事がなくなったのです。３万人以上が職を失い、カナダの歴史上最大のレイオフ（一時解雇）といわれています。乱獲、資源管理政策の問題、環境の変化といった複合的な原因が考えられますが、乱獲が主因であったことは容易に想像できます（図18）。しかし、カナ

図18　カナダ（大西洋側）マダラ水揚げ推移

（出典：Millennium ecosystem assessmentより作成）

ダでの他の魚種、ズワイガニ、ロブスター、ホッキ貝、カラスガレイ等についても厳格なTAC設定と資源管理を行った結果、全体として資源は安定しています。

農業は農地に新たに種を蒔いたり、肥料をやったりすることで農作物を増やすことができますが、天然魚の場合は、稚魚を放流することも、餌も与えることも限界があるわけで、資源の自然な回復までにはかなりの年月がかかるのです。しかし、これまで何度も述べてきたように、たとえ資源が減っていても適正な資源管理をすればいずれ回復し、手をかけなくても作物（＝魚）を持続的に獲り続けることができるのです。

アイスランド――金融危機にも動じない水産業

個別割当（譲渡可能個別割当：ＩＴＱ）制度により、水産業で成長を続けている国の一つであるアイスランドについて見てみましょう。アイスランドは、人口32万人、国土は10万平方キロメートルで、北海道と四国を合わせたほどの面積です。水産業がＧＤＰに占める割合は、２０１１年は10・９％でした。水産業は裾野が広いので関連産業も入れれば73％もの人々が、直接・間接的に関わっていると言われています。

２００８年秋の金融危機でアイスランドは破綻に近い状態だったことは記憶に新しいと思います。筆者は、その直後の12月にアイスランドを訪問しました。当時、アイスランド・クローネは、対円で０・７円まで下落していました。２００７年12月末は１・８円だったので、２００８年秋の経済危機を挟んで、通貨の価値が半分以下に暴落し、購買力が極端に落ち込み、経済は酷い状態でした。

しかし、当時訪問した漁業の島・ウエストマン諸島の雰囲気は少し違いました。金融商品に手を出さず、本業に専念していた漁業会社は健在だったのです。しかも自国通貨が安いことで、輸出が増加し利益が大幅に増えていました。その後も水産業は、国が経済破綻に近いと言われていた状態とは裏腹に利益を出し続けました。これは同国の水産物は譲渡可能個別割当（ＩＴＱ）制度によって資源管理が上手くいっている結果なのです。

アイスランドといえば、１９５８〜１９７６年にかけて英国との間に数回にわたって起きた「タラ戦争（Cod War）」と呼ばれる紛争が有名です。英国が、現在のアイスランドの近海でマダラ漁を行っていたことに対し、アイスランドが領海を４マイル→12マイル→50マイルへと広げていったことにより両国の紛争が起こりました。最後は、１９７６年に英国の主張に反し、ＥＥＣ（欧州経済共同体）が欧州全域に２００海里漁業専管水域を設けたことで、英国は梯子を外された形となって終結しました。

両国間の争いは、１９７６年に米国と旧ソ連が制定し、そして１９７７年に日本も設定した２００海里漁業専管水域に影響を与えたと言われています。現在では両国は和解し、アイスランドが同海域で漁獲するマダラの主要な輸出先の一つは英国です。

１９７７年に２００海里漁業専管水域が設定された時点の行動が、水産業における各国の明暗を分けました。資源管理を徹底したノルウェーやアイスランドと、「獲り過ぎたら減る」と分かっていても、「親の仇と魚は見つけたら獲れ！」とばかりに乱獲を続けた日本。後れをとってしまった35年以上の歳月を取り戻すべく、資源管理によるイノベーションを待ったなしで行わなくてはならないのが、日本の水産業が置かれている状況なのです。

戻ってきたカラフトシシャモ

アイスランドが持続可能な漁業を守り続けるために採っている方策を、カラフトシシャモ（以降シシャモ）を例に説明します。アイスランドの２０１１年の年間総水揚げ量１１０万トンのうちシシャモは30万トンで、シシャモの水揚げ量の変動が全体を左右します。翌年の水揚げ量はシシャモが70万トンに増加し、全体の水揚げ量を押し上げました。厳格な資源管理により、シシャモは回復しているのです。

シシャモは、日本のサケのように産卵後に死んでしまいます。日本で販売されているシシャモのほとんどは、ノルウェー、アイスランド、カナダから輸入されるカラフトシシャモです（２０１2年は2万４０００トン輸入）。卵をたっぷり持ったシシャモは、毎年どうやって漁獲されるのでしょうか？　シシャモは、主に産卵場に回遊するものを漁獲します。しかし、卵を持ったシシャモを狙って獲り続ければ、いずれいなくなってしまうのではないか、と心配されるかも知れません。水揚げ量はその年の資源量に左右されますが（図19）、資源管理の徹底により親魚となる資源を残しているので、一度減っても必ず元に戻ります。過去に資源回復の実績が何度もあるため、漁獲する国々だけでなく日本を含む海外の買付け業者も、数年後には必ず元に戻ることを疑いません。

アイスランドの場合は、40万トンを産卵群として残し、それ以上の、いわば余剰分に当たる数量を漁獲するという方針を採っています。50万トンの資源が確認されれば10万トン（50万トン－40万トン）のTACとなります。40万トンを下回る場合は、2009年は1万5000トンの調査枠を出すにとどめたように、持続的に漁業ができるように徹底しています（図20）。我々買付け側もこの制度の運用を理解しているので、安心して買付けを継続できるのです。

仮に資源が40万トンを下回ったとしても、その全てを獲り切ってしまうことは物理的には可能ですが、そのようなことをしたら、翌年以降はどうなるでしょうか？ 次の世代の分まで魚を獲り切ってしまえば、資源回復は困難を極めます。根絶やしにしてしまい現在も資源が低水準である北海道のニシンのようなケースは、まさにアイスランドに学ぶべきです。産卵に来たニシンを、産卵群を考慮せずにソーラン節を歌いながら獲れるだけ獲り続ければ、魚がいなくなるのは当然です。ニシン来たかとカモメに問うても、

図19　アイスランドシシャモの水揚げ推移

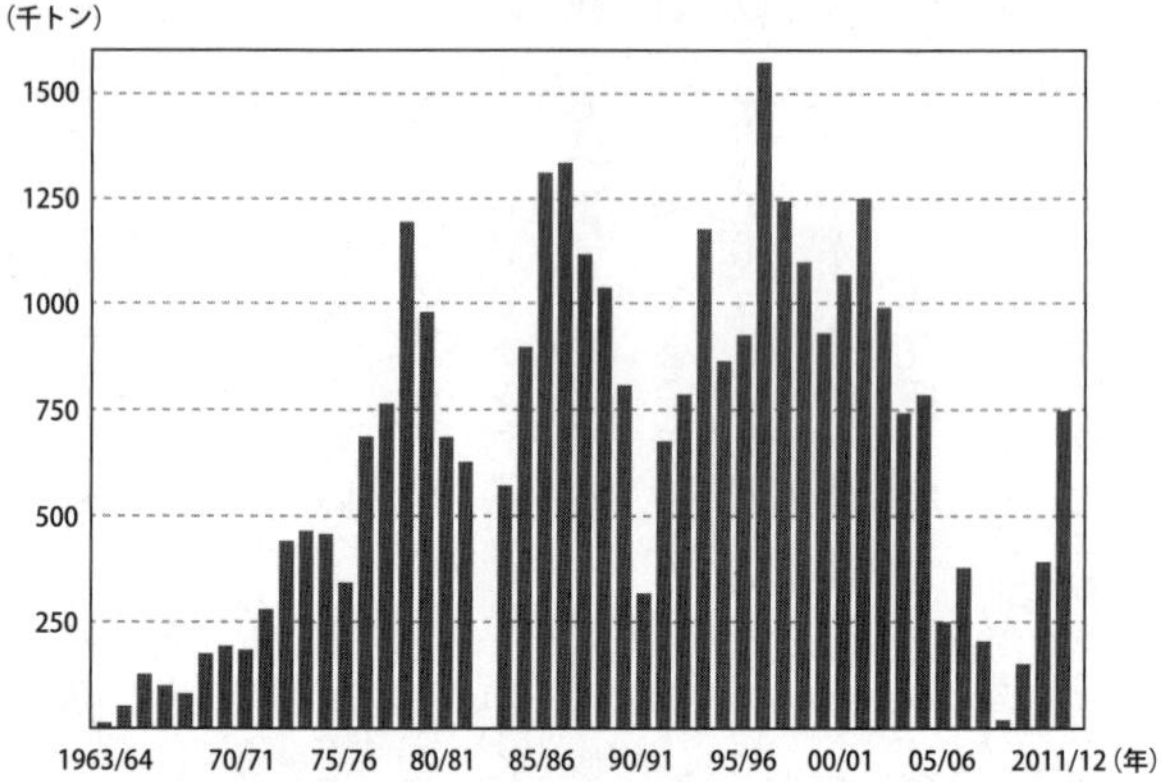

（出典：Marine Research Institute資料より作成）

図20　アイスランドシシャモの資源推移

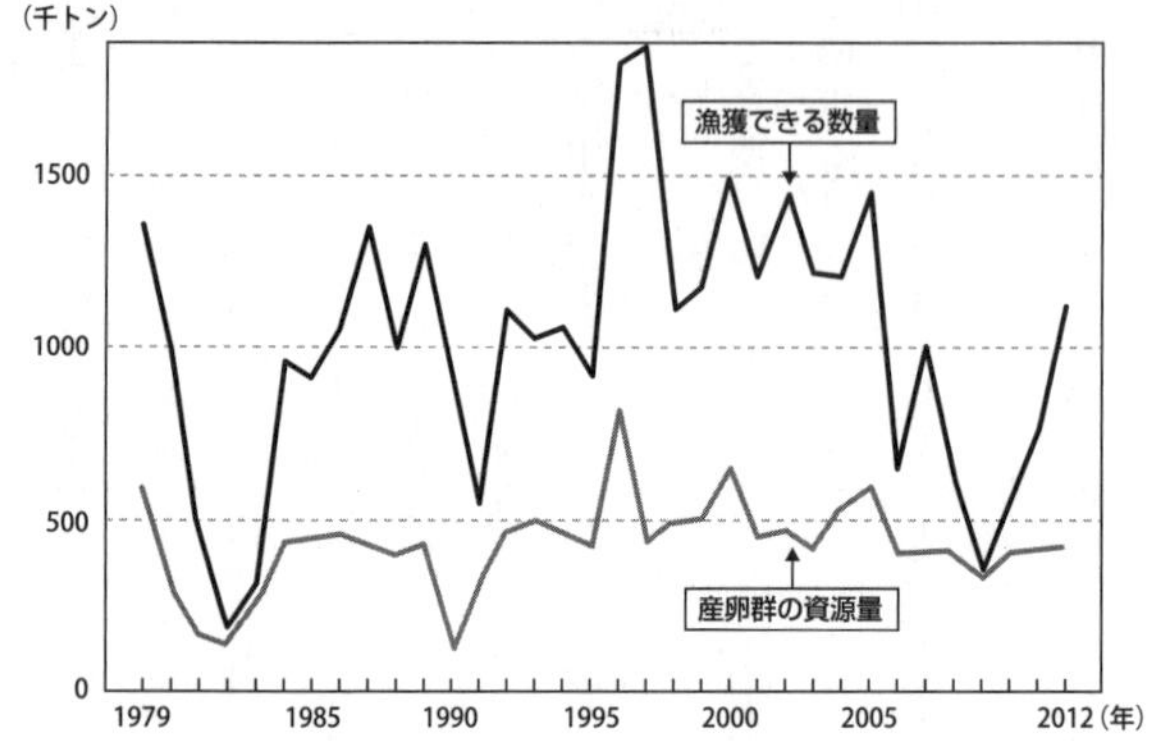

（出典：Marine Research Institute資料より作成）

あなたたちが獲り尽くしてしまったことに気づかないの？　と笑われることでしょう。

アイスランドのシシャモとは対照的に、北海道のニシンは1957年に資源が消えてから未だに回復していないどころか、そもそも漁獲枠すら設定されていないので、回復するはずもありません。現在でさえ少ないながらも回遊してくるニシンまで漁獲し続けているのですから、せっかく出てきた芽を毎年摘み取ってしまっています。このままでは、何年経っても状況は好転しないでしょう。

アイスランドのシシャモは、2008年の漁獲シーズンに、「資源量が少ないために禁漁させる」という情報が流れました。しかしこの時も、禁漁になることに対して漁業者が大騒ぎすることはなく、「回復を待たねばならない」という意識が強く、冷静な対応だったのが印象的でした。慌てたのは買付け側の日本の方でした。日本であれば「魚はいるのだから獲らせろ！」と大騒動になるでしょう。翌2009年は、40万トンを上回る資源が確認できなかったために、実質禁漁が続き、前述のように調査枠としてわずか1万5000トンの漁獲枠が出ただけでした。ところがその後資源は回復し、2012年は70万トンもの漁獲となったわけです。産卵群を残しておけば資源は回復するのです。北欧の水産業はこの繰り返しにより、中長期的な買付けが期待でき、漁船や加工場への投資が当然のように行われるのです。

補助金ではなく「増税」の対象

2012年9月1日からアイスランド政府は、漁獲した水産物に課税するTAC（漁獲枠）使用税を大幅に増税しました。世界第2位の輸出を誇り成長を続けるノルウェー同様に、アイスランドでも、漁業への補助金という概念はないどころか税金を納めて国を支える重要な産業の一つなのです。日本の水産業のように、多額の補助金が設定されていながら衰退と高齢化が進んでいく産業とは、別世界のような話です。増税分もしくはその一部の金額は、日本を含むアイスランドから水産物を輸入する国の国民が、販売価格に上乗せされて支払うことになるのです。

筆者は、2012年8月にアイスランドのウエストマン諸島に行った際、ちょうどその島の上位25名の高額所得者番付が実名と住所付きで新聞に出ているというので、買付け先の大手水産加工業者の社長に見せてもらいました。年収は最高で約3300万円、25位で約1800万円でした（1アイスランド・クローネ、以下ISK＝0・7円、2012年8月当時）。さらに、そこで社長が言ったことが印象的でした。社長自身も十分に裕福な様子でしたが、「この上位25名の中には、自分の名前はない。また、もう1社ある地元の大手水産加工会社の社長の名前もない。3名ほど知らない名前があるが、あとは全員知り合いの漁業者。知らない3名も恐らく漁業者だろう」と。

筆者がこの島を最初に訪れたのは1991年で今から20年以上も前ですが、ホテル、レストラン、フェリー乗り場、事務所等、随分立派になりました。それだけアイスランドの水産業が地域の発展に貢献したのだと思うと感慨深いものがあります。

そんなアイスランドの漁業者にも悩みがあります。それは、前述のようにTACの使用税が大幅に上げられたことです。マダラの場合で、キロ当たり9ISK（約6円）から40ISK（約28円）へと4倍以上に増税されたのです（1ISK＝0・7円、同前）。なぜ漁業に対する税金がこれほどまで増えたのか？ その答えは簡単で、「儲かり続けている」からです。アイスランド政府としては、「税金は取れるところから取りたい」と考えるのは当然のことと思います。

一方で、日本の漁業や漁協は、政府からの何かしらの補助金なしでは運営が厳しいケースがほとんどでしょう。これは大きな違いです。補助金についてアイスランドの水産学者に聞いたところ、「補助金？ むしろ漁業者は税金を納める方だよ！」と即答されました。アイスランドの買付け先の社長は「今年も過去最高益を更新だ」と、ここ数年は毎年ニコニコしていましたが、「これでは品質向上のための投資もできなくなるし、雇用も継続できない」と、今回の増税には怒り心頭でした。キロ当たりの金額は安く見えますが、数量が多いので金額は大きく膨らみます。計算は複雑で、魚種ごとにキロ当たりの税金は異なるのですが、漁船の売却と50人の漁業者を解雇したと言っていたので、影響は相当大きかったと思われます。

日本の漁業において、「儲かりすぎているので税金が増やされる」という場面は、果たして想像できるでしょうか？　そのような嬉しい悲鳴が上がるのも、譲渡可能個別割当（ＩＴＱ）制度のおかげなのです。

前述の大手の水産加工業者はこう言っています。「個別割当制度には、多くの国民が注目している。それは制度に基づいて漁業をしている漁業者が儲かっているからだ。漁業者の収入は、ほぼ１００％漁獲高が反映される。このため、漁業者の意識は『量から質へ』と移る。その結果、漁獲量が増加する。また同じ仕事をしている限り、ノルウェー人も含め外国人の給与が安いということもない」と。

快適なアイスランドの漁業環境

東日本大震災で被災した遠洋トロール船「第五天州丸」の船長と日本トロール協会が、アイスランドのトロール船（Helga Maria 号）に乗船した報告の内容を紹介します。

2013年の夏、新造船が進水をしました。日本船のトン数規制により、仕様を全て欧州型のような船にできたわけではありませんが、居住区（居住部分のこと）は国際労働機関（ILO）の基準に沿った快適な設備を確保しています。

アイスランドの漁船に乗船した印象は「日本船に比べ居住環境が快適な上、作業が楽で安全、乗組員の給与が高い」つまり「快適、楽、高収入」という印象だったようです。

しかしこの漁船は決して新しくなく、1988年に建造されたものです。それでも無料飲料の提供がある休息室やトレーニングジムなどを備えた居住区、インターネットが使え、電話は200海里外でも使えるようになっています。重労働である網の引き揚げを一度にできる直線型の広い甲板、水揚げした水産物の処理作業の自動化といったことが既に実現されています。船上で冷凍加工した水産物を荷揚げする際、日本では2～3日かかる荷役作業が、現地では自動化により数時間で終了するそうです。

日本では若手の乗組員はほとんどいませんが、欧州では大学卒業後に船に乗る人がたくさんいます。常に幹部候補生を育て、乗組員が陸に上がった後のキャリアのためのスキルを磨くチャンスも与えているそうです。良い仕事をしてもらいたいのなら、良い環境を与える必要があるという考え方が基本にあるのです。アイスランドの漁業者側からは、「40年前には日本から船を買って技術を導入していたが、今は日本に船を売れるようになった」と言われたそうです。そして、「新しい漁業を始め、国際競争力を取り戻すためにも徹底した議論が必要」とも指摘されたということでした。

ここでも北欧視察を通して日本の漁業の問題が明らかになり、漁業継続のための課題として、①適切な資源管理でいつまでも魚を残す、②将来を担う若い乗組員をいかに確保して育てるか、③操業方法や技術をいかに革新するか、④製品の製造、流通ニーズにどう応えるか、の4点が挙げられました。

ニュージーランドから「侵略」と呼ばれた日本

ニュージーランドの漁業史をまとめた本『Hooked』(David Johnson　２００4年)に「日本の侵略」というタイトルの一節があります。同国から見た日本の漁業が描かれており、興味深い内容になっています。ニュージーランドは、日本の世界第6位より広い第4位の排他的経済水域を持っています。1966年に日本が700万トン漁獲していた時に、同国の漁獲はわずか5万6000トンだったとあります。それが2012年には60万トンと約10倍になっています。

日本漁船は1950年代後半にニュージーランド沖に現れました。日本人はニュージーランド人が肉を食べるように、たくさんの魚を食べます。人口が増加し、かつ以前は漁獲できていた量が確保できなくなっていました。このため、日本人は何年にもわたって新漁場を探し続け、ついにニュージーランド沖に辿り着いたのです。日本人は、しばしば領海の3マイル内に入り込んで漁をしていました。同国の漁業者からは、資源を守るために領海を12マイルに広げるよう主張しましたが、ニュージーランド政府はそれにより、他国を動転させ貿易に影響が出ることを懸念して行動を起こしませんでした。たいていのニュージーランド漁業者は、日本人の方が同国の海を知っていることに気づいていました。そこで、映像を通じて学ぼうと、1962年に「大洋丸」という日本船に乗船者を派遣して記録映像を作成しました。日本の漁船の装備は大変進んでおり、魚群探知機があり、魚網はナイロン製が使用されていました。ニュージーランド人は映像を見て、日本人と対抗するのではなく、漁業を学ぶべきだと考えたのです。ニュージーランドは魚を探す技術も後れており、日本のやり方をまねするべきだと考えました。

当時、日本の漁船3隻でニュージーランドの国内消費分の漁獲ができる、と議会に報告されています。1964年に日本の魚網メーカーがニュージーランドを訪れた際には、約300人の漁業者が見学に来ました。その一方で漁場についてニュージーランドの漁業者は政府の弱腰を批判し、日本に対してもっと強く出て領海を12マイルに広げて、日本船を排除していくべきと訴えました。

締め出された外国漁船

1964年になると幸運にも、ニュージーランド側にとって有利な出来事が起きました。この年、英国がアイスランドとマダラの漁場を巡って対立していた「タラ戦争」で、1965年をもってアイスランドの領海を12マイルと認めたのです。これにより、日本の漁船も12マイルの外に締め出されることになりました。

そして1977年に設定された200海里漁業専管水域は、日本の遠洋漁業に致命傷を与えることになりました。日本が開拓したニュージーランド沖の漁場は同国の管轄となり、日本はジョイント・ベンチャーという形で、合同で事業を継続する形を取らざるを得なくなりました。ニュージーランドはこの時すでにTACを決めて、自国の漁船と外国船に割当を設定したのです。1979〜1981年にかけて外国船のTACを24%削減し、ジョイント・ベンチャーの漁船に24%加えるという形を取り、外国船の影響力を弱め始めました。これは自国の資源は自国で守り、収益を最大限に上げていくという当然の流れでした。その後、1983年にはITQ（譲渡可能個別割当）を設定しました。資源管理が進み、資源が安定することでニュージーランドの水産業は成長産業となりました。

同国のITQは、漁業者間で魚種ごとの枠の交換を柔軟に行っています。アジ漁が得意な漁船（ウクライナ船）はアジの枠を増やし、メルルーサ（タラの一種）やシルバー（メダイの一種）など比較的単価が高い魚種の漁獲を得意とする漁船（日本船・韓国船）は、単価の高い魚種の枠を、アジ枠と交換して増やすやり方をしています。魚種ごとに漁獲できる数量は厳格に決まっているので、どの船が獲っても魚種ごとのトータル数量が守られていれば、資源管理の問題は起きないのです。

2012年時点で、TAC61万トンに対し、57万トンの漁獲（93%）を消化し、同国

EEZの沖合で漁獲している船は、同国の船が29隻に対してTACを与えられた日本、韓国、ウクライナといった外国漁船が合計27隻、と約半々となっています。この操業パターンは、ニュージーランド側に有利で、地主（ニュージーランド）が土地を貸し、日本を含む外国船に小作を行わせるような形なのです。ニュージーランド側にはほとんどリスクがなく、同国が儲かる仕組みができ上がっているといえます。

日本側としては、もともと同国の沖合漁業を開拓したのは日本であり、かつて日本船だったものが中古で売船され、韓国船等として操業しているケースも多く、まさに日本の遠洋漁業あってのニュージーランドの漁業であり、日本のおかげで漁業が発展してきたと言えます。しかし200海里漁業専管水域が設定された以上、あくまでも主権はニュージーランド側にあります。

「守り」に徹したニュージーランド

ニュージーランドが、もし資源管理を考えずに、入漁料でも取って外国船に獲れるだけ獲らせる政策を取っていたら、資源の減少とともに、日本のように水産業は短期的に発展しても、その後衰退していたことでしょう。しかし、資源管理を徹底したことで高収益を上げ続けるニュージーランドの今日の水産業があるのです。

２０１２年ニュージーランドは、さらに自国での管理を強化することを決めました。それは、２０１６年までに漁船の船籍を全てニュージーランド籍にすることでした。この年までに、日本船も含めて船籍をニュージーランド籍にしなければならず、操業に際し所有するＴＡＣで外国船を操業させている同国のＴＡＣ保持者（農業でいう地主）は、船内でのトラブル（例：劣悪な労働条件があった場合等）に対しても責任を負うことになります。これまで、船内は自国籍に応じて日本語、韓国語、ウクライナ語といった言語で事足りていましたが、英語力も要求されるようになります。こうして、ニュージーランド色がますます強まり、日本をはじめとする外国の影響力はなくなっていくのです。

ニュージーランドが成功している要因は、自国の水産資源が日本をはじめとする外国船の脅威にさらされたため、これを守らなければならないという意識が強く働いたことです。米国やロシアも同様に、漁獲能力が極めて高い日本船の脅威から自国の資源を守りたい、しかし自国の資源を守ることで他国での遠洋漁業が制限されても困る、という根底にある考えとのバランスを考慮した、領海12マイルや２００海里漁業専管水域の設定でした。

一方日本は、それまで外国船が日本の領海域で魚を獲るということがほとんどなかったため、常に「攻めの漁業」でした。このため自国の水産資源を守る「守りの漁業」という概念が希薄だったのです。ニュージーランドのある会社の入口や名刺には「sustainable seafood」（持続可能な水産物）と書いてあります。持続可能な漁業という概念の浸透とその実施が、同国の水産業を支えているのです。今度は、ニュージーランドから日本が学ばなければなりません。資源管理あってこその水産業なのです。

ノルウェーの沿岸漁業者保護政策

ノルウェーでもEUでも同様ですが、小規模の漁業者は資源管理及びTACにおいて優遇されています。個別割当制度は、小規模な沿岸漁業者を衰退させる制度ではありません。ニュージーランドや米国では、先住民に対して別途TACを配分しています。小規模な沿岸漁民や先住民は、大きな漁船を持つ漁業者と競争したら、漁獲能力の違いから不利な立場に立たされてしまいます。ここでは、具体的にノルウェーのマダラの配分枠を例に説明します。

ノルウェーのサバのTAC（漁獲枠）割当も同様ですが、資源やTACが減少傾向になる時は、小型船の枠ほど減少幅が小さくなります。そして資源が増加傾向になると、漁獲能力が高い大型船への配分が多くなります。小型船に巨大な枠を配分してもさすがに獲り切れません。マダラの場合、近場で漁をする小型の沿岸船と、沖合で漁獲するトロール船に分類されています。TACが10万トン以下の場合は、沿岸船に80％、トロール船に20％を分けます。一方で、TACが30万トンを超えるような豊かな資源状況の場合は、沿岸船に67％、トロール船に33％の漁獲枠を割当てます。つまり、資源が少ないときは沿岸船優先、多いときはトロール船への割当が増えます。サバの場合も、資源が少ないときには小型の沿岸船への配分が優先です。

ノルウェーのように漁業者が高収益を上げている国では、小型船自体が規制の範囲内で大型化や船の数を減らして2隻の漁獲枠を1隻の枠にまとめて効率を上げるケースも多く、小規模の漁業者自体が少なくなっています。小規模だから儲からないので止めるということではなく、漁業をやめる際は、枠を売却して退職金のような資金を得てやめることになります。廃業という形ではなく、豊かな資金をもらって引退するのです。

TACが減少する年度は漁獲前から浜値が高くなる気配があり、実際に水揚げが始まると水揚げ量は減ってもその分単価が上昇し、結果として肝心な水揚げ金額は減少するどころか、逆に増えるケースもあります。そのような状況下において、小規模な漁業者の漁獲配分は、大型漁船を持つ漁業者よりTACの減少幅が少なくなります。減枠により水揚げ単価が高くなる際、肝心の水揚げ金額も優遇される結果となるのです。

サバ不正水揚げ事件と資源回復

北欧のサバは、北大西洋のEEZをまたいで泳ぐ回遊魚です。遊泳力がある大型のサバほど、水温が低い北に向かって餌を追いかけるため、ノルウェーとEU間を泳いでいるので、どちらかでTACを超えて過剰漁獲を続ければ全体の資源は減少して行きます。

近年ノルウェーサバが小型化しているのですが、これは北欧サバがこれまで回遊していなかった北西の海域＝アイスランドのEEZに2007年から回遊するようになったことが原因だと思われます。回遊が始まった当初、アイスランド側からは大型のサバだけが水揚げされているという情報がありました。この大型のサバを大量に漁獲したために、大型の魚が間引きされてしまい、遊泳力が弱い中・小型がノルウェーで漁獲されることが続いてしまったのでしょう。そのためサイズ組成が崩れて、大型のサバが減ってしまったと考えられます。

アイスランドでのサバ漁の問題が複雑なのは、同国のEEZ内でのサバ漁のため、漁獲自体は国際法上問題がないという点にあります。ノルウェーやEUが、自分たちが守ってきた資源が乱獲されていると主張しても、アイスランドとしては「我々の海に餌を求めて泳いで来ている魚を獲って何が悪い？」ということになってしまうのです。

EUとノルウェー側の漁業者はアイスランドのサバ漁に対して怒っていますが、これは、アイスランドが多く獲る分、自国のTACの配分が減る恐れが出ることへの怒りであり、個別割当やTACの制度そのものに対する怒りとは全く関係がありません。そもそも彼らにとって、個別割当制度やTACが厳格に守られるべきというのは、漁業を続けていく上での大前提なのですから。

これより先の2005年9月に、英国の2工場で大掛かりな不正水揚げが同時摘発されました。この問題は、摘発の数年前からノルウェー・デンマークといった同じサバを漁獲・生産する国々から、「このままでは、サバの資源が減少してしまう」と問題視されていたことに起因します。極端な言い方をすれば、魚価が半分でも、水揚げ量が3倍であれば、漁業者の手取りが多く、生産する冷凍加工場も安い原料を大量に手当てできるのです。勿論、TAC以上に獲れば違法行為であり資源に悪影響を及ぼします。

そして、ついに2005年9月27日に査察団が入り、法廷での係争となり英国の漁業者とパッカー（冷凍加工業者）が有罪となりました。当時筆者が関係していたノルウェーの買付け先は、英国政府のチェック体制に原因があると言っていました。ノルウェーの場合、水揚げ量を厳格に測定する装置が付いていて、正確な水揚げ数量がいつでも分かる体制になっています。また、水揚げ現場とパッカーには、政府の検査員が予告なしに頻繁に出入りをしています。

一方で、英国の場合は、自動計量器の設置を様々な理由をつけて行いませんでした。また、政府の検査官は事前に連絡した上で工場に行くシステムになっていたので、これでは「泥棒に『警察が明日来るよ』と事前に伝えるようなものだ」と批判されていました。しかし遂に2005年に摘発され、水揚げ・輸出数量等の資料が押収され実態が明らかになりました。英国での検挙は、日本の将来の資源管理システムの構築の参考になります。こうしてサバ資源は2005年の摘発以降、不正水揚げがなくなり回復傾向となっていることが、容易に読み取れると思います（図21）。

実は、乱獲摘発後の資源回復というこの2005年のケースこそ、資源の減少は、環境の変化などではなく乱獲に主原因があり、乱獲を防げば資源は回復すると、筆者に確

図21　北欧サバの資源量推移

北欧サバ資源量の推移。2005年以降の増加がはっきりと分かります。約200万トンから300万トンへと増加。実際の水揚げ量も、資源同様に大幅に増加しています。

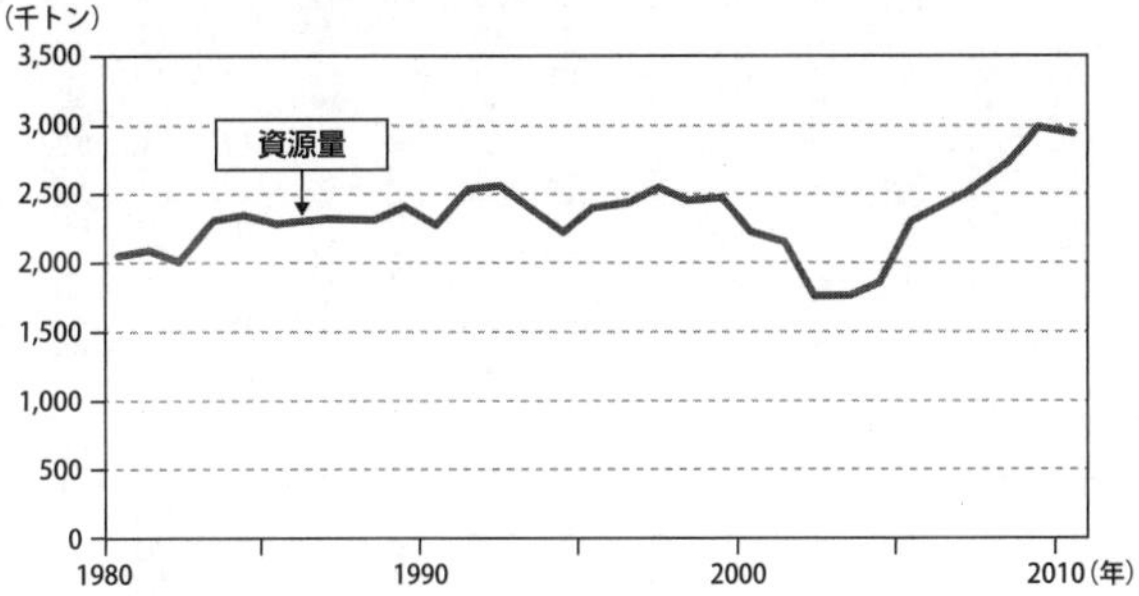

（出典：Marine Research Instituteより作成）

信させた出来事だったのです。ノルウェーの水産業はその後も成長を続けており、新造船も増加、世界第2位の輸出を誇る漁業大臣が「2050年には売上を6倍にする」と自信に満ち溢れたスピーチをするに至ったのです。

漁業者同士の駆け引き

資源管理が機能しているノルウェーやアイルランド、デンマーク等でも、漁業者と水揚げされた魚を加工・冷凍する業者の間で起こっている問題があります。それは、漁業者に利益が集中してしまい、魚を買う側の利益が出にくい体質になっていることです。

漁業者が「獲れない、売れない、安い」と嘆く日本とは異なり、資源管理ができているがために、中・長期的な視点の投資が可能となり、凍結設備や選別機をはじめ、水揚げされた原魚を処理する能力が向上しています。

1990年代はノルウェーの漁船が1回にサバやニシンを工場に運ぶ数量は、品質を保つために300トン程度でした。これが2000年代に入ると、500トンを超え始め、現在では1000トンを超えて運ぶことも可能です。品質を保てる時間も技術の向上に伴い、12時間程度から今では2～3日経ってもほぼ問題がありません。

漁船は魚価が高いところへ水揚げをしたがります。ノルウェーやEUの漁船は、水揚げできる範囲を指定して、インターネットを通じて入札をかけます。ノルウェーの漁船が英国、アイルランド、デンマーク等に水揚げするケースもあれば、同様に英国の漁船が各国に水揚げするケースもあります。入札者が多い方が競争率が上がるために、価格が上がる可能性も高くなります。事業を拡大しようと、前述の国々の加工処理能力はますます向上し、結果として魚を処理できる数量よりも水揚げ量の方が少ないために、入札による競争が激化して、魚価が上がりやすい傾向が続いています。

さらに言えば、このため買付けして日本に輸入されるサバやアジの価格も上昇傾向にあるのです。例えてみれば、日本海で漁獲された魚が、日本・韓国・中国の買付け業者を対象に、海の上から入札し、高い価格を出した国の業者に水揚げされているようなものです。今のアジアの情勢では考えられないことですが、ノルウェー・EUでは1993年以前から実施されている方法です。

理想的なシステム

あくまで個別割当制度が実施されてからの話ではありますが、北欧で起こっている前述の現状を打開するための対策は既に存在します。それは、漁船が持つ個別割当に加え、水揚げ地ごとに受け入れのための権利も枠にしてしまうのです。

例えば、北部太平洋で水揚げされるサバやサンマ等に対して、釧路、八戸、気仙沼、石巻、塩釜、女川《おながわ》、波崎《はさき》、銚子といった漁港ごとに、それぞれ「何トン」という水揚げ枠を設けるのです。さらに細分化して加工場ごとにしても良いでしょう。それぞれの枠は、加工処理能力に応じたものにします。水揚げ枠を流動性のあるものとし、交換・販売できるようなものにすれば、従来のようにサンマが得意な気仙沼にはサンマ枠が増え、その分銚子にはサバ枠が増えるということがあって良いと思います。

重要なことは、無計画に水揚げして浜値が下がり、せっかく商品価値の高い大きな魚であっても、処理しきれないという理由で安価な餌用に回されてしまわないようにすることです。漁業者に水揚げの時期を分散させて、魚の価値を下げさせないことを意識してもらい、一方で魚を買う側も、生産数量がある程度計算できるようになることで、先々の見通しが立ち、中・長期的な視点からの設備投資ができるようになるはずです。漁業者が、個別割当によって配分された漁獲枠で、いかに水揚げ金額を増やすかを真剣に考え、また魚を買う加工業者が、買った魚にいかに付加価値を付けて販売できるかを安心して考えられる環境にすることが、水産業全体にとって大きなプラスになるのです。

第4章

日本の水産業は必ず復活できる

科学的根拠に基づく資源管理の早期導入を

2012年に就任した林芳正・農林水産大臣は「攻めの農林水産業を推進することが必要」と強調しています。「今の日本における水産業を取り巻く環境は、『魚価の低迷』『燃油高騰』『担い手の育成』『老朽化している代船建造』等々の問題が山積み」（大日本水産会）というのが共通した認識と思います。しかし、買付け担当者である筆者は、北欧各国の買付け先から燃料費の高騰による値上げを要求されたことはありません。さらに魚価については、低迷どころか全般的に上昇しています。日本の水産業の現実とは、まるで別世界の話です。もちろん燃料費は、北欧の国々でも問題になっているはずです。しかし、燃料費の高騰を理由に魚価を上げようとしても、需給バランスがあるので国際市場は受け入れてくれません。また日本の消費者も、燃料費が高くなった分だけ代金を支払ってはくれないでしょう。

北欧での燃料費対策の例としては、2隻だった漁船を1隻に集約したり、新しい大型船に換えたりするケースが増えています。また、漁場の情報や獲れた魚の内容をお互いに公開して、無駄に漁場を探し回らずに燃料費を削減するやり方も、既に当たり前になっています。本当に高収益を上げ続けている漁業者にとっては、漁業者間で競争する時代は随分前に終わっているのです。それもこれもＴＡＣが科学的根拠に基づいて設定され、漁獲して良い数量が漁業者や漁船に個別かつ厳格に割り当てられていること、そしてきちんと枠を守ることが得であることを、漁業者が身をもって知っているからなのです。

日本が取り入れるべき術は

日本の水産業を復活させるために取り入れるべき術は、主に3つあります。それは「個別割当」「ＶＭＳ」「自動計量器」です。改めて順に解説したいと思います。

①個別割当制度の導入

個別割当については、最も重要な政策なのでこれまで何回も触れてきました。復活の成否が資源管理の実現に尽きることは、水産業で成長を続けている国々と日本との根本的な違いであることがお分かりいただけるでしょう。資源が回復していないのに、販売や流通方法改善の話をしても根本的な解決になりません。価値が低い小型の魚をいかに食用にして利益を少しでも上げるかより、その前にいかに魚を大きくして、価値を高めてベスト・タイミングで獲るかを考えるべきです。卵を持っている時期のクロマグロは脂ののりが良くないので評価が低いという現実に対し、漁船ごとに個別に漁獲枠を配分することでその卵をいかに食用として販売するかを考えるのではなく、産卵期のマグロ捕獲をどのように回避するかを考えさせる制度でなければなりません。これらは、個別割当制度の実施によって改善できる内容です。水揚げ金額は「水揚げ数量×単価」で決まります。

日本でも伊勢湾のイカナゴや駿河湾のサクラエビといった水産物においては、資源を持続させる漁業の取り組みがいくつか実行されています。しかしながら、ピークだった1984年の約1300万トンから2012年の500万トン弱まで、大幅に減少している水揚げ量において、自主的な資源管理で増量に成功している例がどれだけあり、水揚げ量にどれだけ影響してきたかといえば、それはごく一部に限られていると言わざるを得ません。

例えば米国のTACは日本とは異なり科学的な根拠に基づいており、また漁獲シーズン中に毎年のように増やされるものではなく、信頼性の高いものです。それでも、TACを個別割当にするだけで、パシフィックホワイティング（タラの一種）をはじめ、多くの魚種で効果が出ています。日本の場合、7魚種に割当てられているTAC制度自体が、TAC（漁獲枠）がABCを超えていたり、漁獲期の途中で増加することを毎年のように繰り返してきたので、信頼性が乏しくなっています。客観性のある資源管理の認証機関や、資源管理に成功している国々の科学者に、運用が間違っていないかの助言を求めるべきなのです。

②漁業を可視化する・VMSの導入

成長している世界の漁業は、漁場をインターネットで公開しています。ノルウェーのサイトの例を紹介します（図22）。このサイトでは、漁船の位置や操業場所などが詳しく分かるようになっています。色分けされた各部分をクリックすれば、誰にでも漁場と獲れた魚の内容が分かるように工夫されています。このシステムを実現しているのがVMS（衛星通信漁船管理システム）です。

漁業者にとって、漁場の位置は最も重要な機密情報でした。魚を誰よりも早く見つけて獲ることが利益に繋がり、特に同じ場所で繰り返し獲れることが多いので、他の漁師には知られたくないという意識が強く働きます。自主的に禁漁区としている場所などは、

図22 インターネットで公開されているノルウェー近海の漁業情報

漁場と漁獲した魚の情報を24時間更新で公開しています(2013年6月時点)。

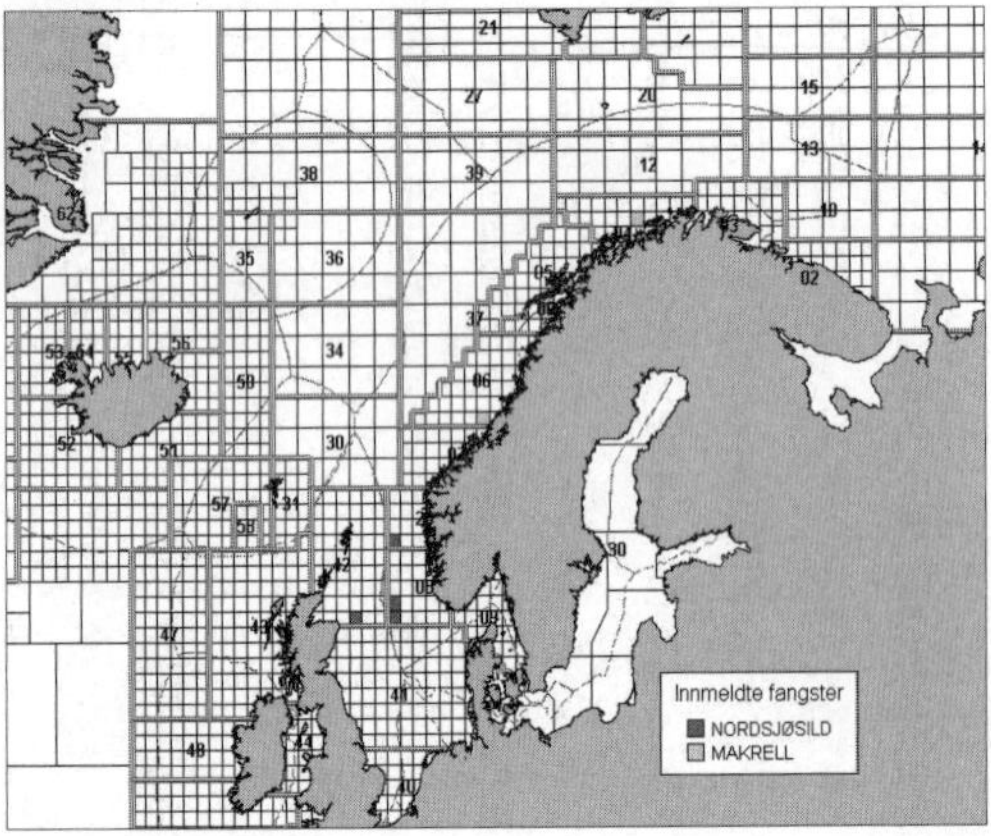

(出典:ノルウェー浮魚販売組合のウェブサイトより)

魚の宝庫であり密漁してでも獲りたいという意識も働くかも知れません。沖合と沿岸漁業の漁師間でも、漁獲能力が高い沖合漁業の船が、沿岸漁業の海域に入り込んで漁を行うので、争いが絶えないようです。漁船が操業海域を守っているかどうか監視するための警備船も必要です。

　これらの問題を解決できる手段の一つがＶＭＳです。ＶＭＳ設置により、既に世界の漁業ではイノベーションが起きており、漁船のＶＭＳ設置は、欧米をはじめ既に常識となっています。設置により、漁船の位置は常に第三者にも把握されていることになります。漁業者の意識は根本的に大きく変わります。電源を切ることは論外であり、常にスイッチが入っていることが大前提です。密漁等の懸念が発生したときにだけスイッチを入れれば良いという考えはあり得ません。VMSが設置されれば証拠が残るので、禁漁区での漁獲はできなくなります。沖合と沿岸漁業者との漁場に関する争いも、証拠が残るので白黒が簡単に付きます。「沖合漁業が悪いことをするからといって鈴をつけようとするもの。指定漁業（農林水産大臣の許可を受けなければ行えない漁業）だけに設置を義務化するのは不公平」という反対意見もあるようですので、沿岸漁業も含めて設置し、公明正大に漁業を行う必要が生じます。水産庁も「漁獲圧の強い沖合漁業がいかにも違反しているかのような誤解を解くためにも操業内容を明らかにして、信頼関係の構築につなげて欲しい」と説明しています。

お互いに出し抜くような漁業をしている時代ではないのです。性能が高い大きな漁船を造れば、その分多くの魚が獲れるので資源に影響を与えるのではないか、という懸念が日本にはあるでしょう。確かに、今のやり方では実際にそうなってもおかしくありません。しかし世界の漁業はVMSの設置により、すでに大きく変わっているのです。

ノルウェーでは漁船ごとに、漁獲場所、獲れた魚の数量・サイズ、水揚げ可能な地域への水揚げ可能時間といった必要情報が24時間更新されていきます。入札者は、1日4回行われるオークションで漁獲内容を見ながら価格を入れていきます。サバの場合は、魚の平均の大きさを1グラム単位で報告します。正確に計測されていますので、ほとんど誤差はありません。平均グラム数で、約25グラムごとに最低補償価格が異なり、漁船からの青物漁業協同組合への報告と現物との間に少しでも相違があれば、測り直して価格調整します。また魚の大きさを過大評価して申請し続ければ、その漁船からの情報は信用を失い、逆に過小評価して申請してしまうと入札価格が安くなりますので、漁業者側も真剣です。これらの情報が番号付きの漁場図で公開されているのです。ノルウェーでも漁船の大きさにより漁場が異なりますが、漁場の位置はオープンなので、日本の沿岸と沖合漁業者の漁場で起こるような争いごとは起きないのです。

VMS設置の付加価値

VMSの設置と情報の開示は、燃油の高騰の対策にも効果を発揮します。そして個別割当制度とも深く関連します。ノルウェーの場合、漁場がオープンでかつ漁船ごとに厳格に個別割当が決まっているため、漁業者は決められた枠内でできるだけ高い水揚げ金額を実現したいと考えます。漁獲の際は、インターネットで公開されている、その時点で一番良い漁場へ効率良く向かい、水揚げを行うことができます。燃料の節約に繋がるわけです。日本の現行のオリンピック方式では、他の漁業者に良い場所を教えても、自分にとって得になるとは考え難いため、漁業者は独自に高い燃料を使って漁場を広く探し回らなければなりません。

またVMSの設置は、漁船の安全のために不可欠であることも書き加えておかねばなりません。万一遭難した場合でも、VMSがあれば漁船の位置が分かります。たとえ本船が沈没した場合でも、電波が届かなくなった地点が確認できれば、おおよその遭難地点が分かるはずです。東日本大震災で、沖合に流されて行方不明になった漁船も、もしVMSが設置されていれば、捜索に大いに役立っていたはずです。

今でこそノルウェー船の漁獲場所と各船の動向は容易に把握できますが、1990年代前半までは今の日本と同じで、漁場の情報が必ずしも正確ではありませんでした。漁場の番号の報告はありましたが、当時はまだ、魚があまり集まらないような場所で操業していたと思われる報告も散見されました。もちろん、個別割当制度が徹底されている現在ではそのようなことはありません。これは、国の制度を漁業者が理解し改善を続けている結果なのです。

③自動計量器の導入

3つ目は、水揚げ数量を正確に測り、記録が残る自動計量器です。ノルウェーでは水揚げを行う加工場ごとに設置されており、作為ができない仕組みになっています。水分や傷んだ魚の量を考慮して2％が入目《いれめ》（オーバーウェイト）として計算されます。つまり漁獲枠数量＋2％の水揚げということになります。TACを厳格に決めていても、実際の枠より多く水揚げされていては元も子もありません。実際に、TACより多く水揚げをしたり、水揚げ数量を過少申告したりして儲けを出すケースは、かつて北欧でも散見されました。しかし今では自動計量器の設置により、こうしたごまかしはできなくなっています。TACが10～20％増減するだけで、市場は反応します。これが実際の水揚げより多く水揚げされていることになっていたら、資源管理上に大きな問題があるだけでなく、マーケットの需給バランスが読めなくなってしまいます。

日本の場合は、地方により入目の設定基準が異なります。見せかけの浜値を下げたくないがために、例えば1ケース正味10キログラムで販売していたものを、表面上の価格は据え置きで12キログラム入れて同じ価格で売られてしまうケースがあれば、漁獲枠や個別割当をしている魚種の管理になりません。自動計量器を水揚げ港に設置して入目の数値を厳正に決めて、どの船が何トン水揚げしたかを明確に記録に残すことが不可欠です。自動計量器については、はじめは少量しか水揚げされない沿岸漁業による水産物や、水揚げそのものが少ない漁港では難しいということもあるかと思います。その場合は、現在の漁獲枠設定7魚種に、ブリ、カタクチイワシ、ホッケを入れて10種類とし、かつ対象を管理可能な沖合漁業の漁船と、水揚げが多い特定の港にしても良いでしょう。それだけでも大きな前進です。そしてその成功結果をもとに対象を増やしていくのです。

漁獲枠は資源復活を保証するか

これまで解説してきた方策の数々について、次のような疑問が湧くと思います。

「厳格な漁獲枠と個別割当制度が導入されただけで、日本の水産資源や水産業が復活する保証はあるのだろうか」

その問いに対して筆者は、世界での成功事例をもとに、天変地異が起きたり、海水が真水やお湯にでもならない限り復活できると考えています。

ただし回復のスピードについては、資源の傷み方の度合いによります。重傷になると10年単位の時間がかかってしまいます。また、魚がほぼ根絶やしにされてしまったケース（北海道のニシン、東シナ海のタチウオやグチ、ウナギ等）では、さすがに回復にかかる期間は見通しが立たないと言わざるを得ません。

本書で何度も指摘したように、北欧をはじめとした国々では、科学的で厳格なＴＡＣ（漁獲枠）を設定し、漁業者（一部漁業者以外が枠を持っている国もある）もしくは漁船ごとに、個別割当制度（ＩＱ・ＩＴＱ・ＩＶＱ）を導入して成長を続けています。

ルールを守らなければ資源は回復しませんが、漁業者が割当てられた量を守らないなどの不正を起こさせないための対策法も、過去の違反事例からすでに存在します。そのため、これらの制度とその効果を理解した人たちからは、「なぜ日本はすぐ取り入れられないのか？」という質問が出てきます。

２０１２年からＴＡＣの使用税が4倍になったアイスランドや、「漁業者は自然と優位になる。利益の9割は漁業者に入る」と語るノルウェーなどの漁業者は、これらの制度が有益であることを知っています。資源管理に成功している国々では、次の段階、つまり莫大な収益を上げている漁業者に偏っている利益を、加工業者をはじめとする関連産業にいかに利益を分配するかを考えるという段階にあります。ノルウェーの漁船船主は「個別枠のない時代には戻れない」と現状に満足しており、いったん取り入れて資源管理が軌道に乗れば、漁業者が反対することはまずないと言っていいでしょう。

魚の減少により禁漁をした結果、資源が回復している例は、日本も含め世界にはいくつもあります。傷ついた資源の回復を待つ場合は、どれだけの時間を我慢できるかによって、その後の回復の速度と水揚げ地に与える影響が変わります。日本の水産業は、まず漁業が重傷であることを自覚し、治療をしなければなりません。傷が治っていないうちに無理をすれば、ずっと治らないでしょう。

資源管理費用捻出の方法

資源管理によって魚が安定成長を続けるようになれば、管理費用など問題ではなくなります。資源管理が適正にされている国々では、逆に漁業者が積極的に調査に関与しているのです。

日本でもし科学的な調査には限界があるという話が先にでるとしたら、非常に残念な話です。日本の水産業に関する科学的な能力は高いと信じていますが、それならノルウ

図23　資源調査船の航行の軌跡・アイスランド近海

5隻の漁船がアイスランド近海の資源を調査中。内2隻が資源調査船。積極的に漁船も協力します。

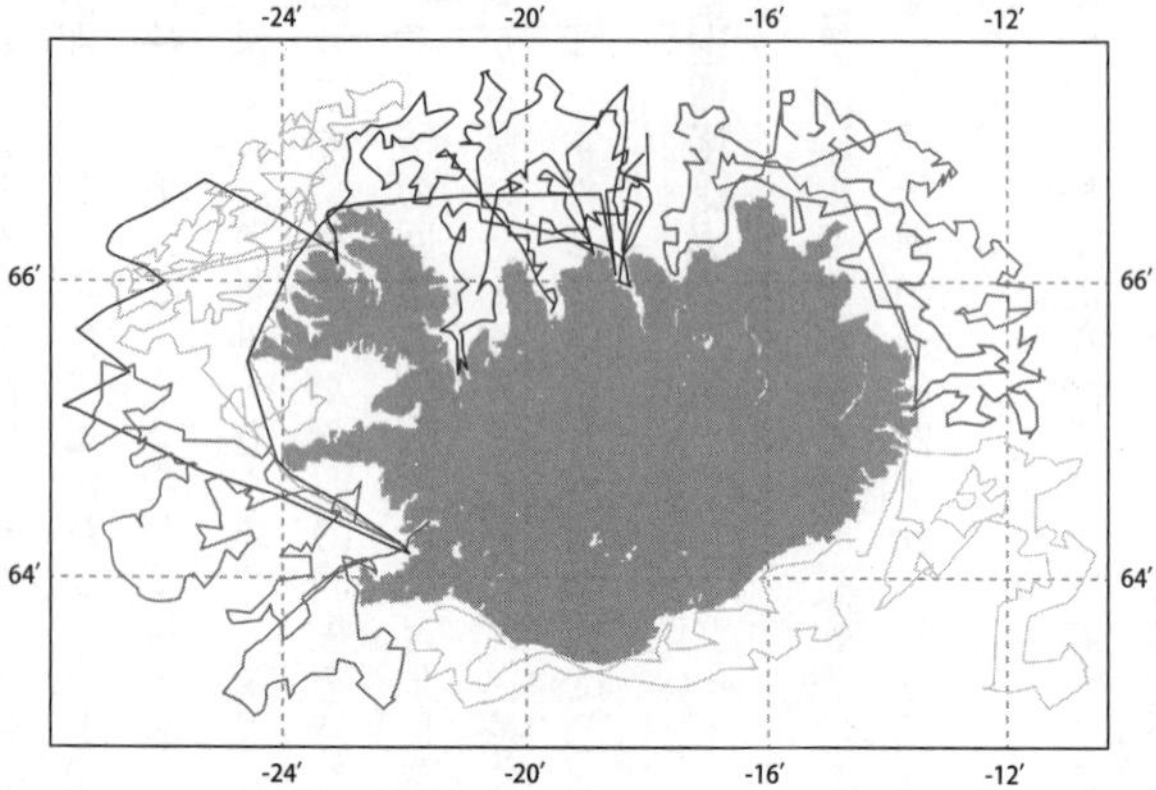

（出典：Marine Research Institute資料より作成）

エーをはじめとする北欧の科学者に協力を仰げば良いのです。彼らは喜んで協力してくれます。調査方法が分かれば、世界最高水準の資源管理システムを実現できるはずです。できない理由を探すより、やる気さえあれば日本でも北欧式の管理ができ、その効果を充分に享受できるのです。

図23は、アイスランドでの資源調査船の航行の軌跡を表しています。図は5隻の軌跡ですが、通常は国の調査船2隻で調査しています。状況に応じて複数の漁船が調査に加わり、より広範囲の漁場の資源調査を行っています。

調査には費用がかかります。しかし、

厳格に資源管理を行っている国々では費用を捻出する手段があります。TACの一部を調査枠として漁船に配分するのです。調査の時に獲った漁獲物は漁船に与えるということです。しかし、今の日本の制度では、調査枠として個別の枠をもらっても、ほとんど意味がありません。「漁獲枠＝漁獲量」の原則が守られる常識的な漁獲枠と個別割当が機能する環境になって初めて、漁業者は率先して調査に協力するでしょう。日本も強い意志をもって実行すれば改革はできるはずです。

違反させないことが、復活の条件

資源管理は違反との戦いでもあります。日本より30年以上進んでいる北欧でも同様でした。

・漁獲枠があっても、それ以上獲れば自分の利益になる。
・漁獲枠通りに数量を守るために小型の魚を海上投棄して大型の魚だけを持ち帰る（そのようなことをすれば、実際の漁獲は漁獲枠より多くなり、管理になりません）。
・アジに漁獲枠がなかった頃、漁獲枠の設定があったニシンをアジとして水揚げしてニシンの水揚げ量をごまかす。

・海上投棄された小型の北欧サバが海底で大量に見つかる。
・自動計量器に作為を加えて水揚げ数量を過少申告する。

等々、筆者はこれまで様々な違反の話を聞いてきました。

欧州の漁業者も、日本同様に魚をできるだけ多く獲りたいのです。ただこれら違反の話も、2005年に英国で摘発されたサバの過剰漁獲事件以降は激減しました。そしてVMSの設置が義務付けられるようになってからは、ほとんど聞かなくなりました。水産エコラベルの認証問題も絡み、資源の持続性が危ぶまれれば、その水産物が市場から排除される傾向が年々強くなるため、漁業者も冷凍加工業者もTACと資源管理の遵守を徹底する強い姿勢が感じ取れます。

例えばノルウェーでは、混獲に対して厳しい管理が行われています。アジの漁場にサバが混じったり、カラフトシシャモの漁場でそれをエサにするマダラを混獲すると、その漁場は禁漁となるケースがこれまで何度もありました。アラスカを例に挙げれば、銀ダラとオヒョウが同じ漁場で漁獲されますが、オヒョウの混獲枠は決められているため、その枠を満了すると自分の漁船だけでなく他の漁船も含めて銀ダラも獲れなくなります。このため、各漁船はオヒョウの混獲数量に細心の注意を払い、漁場を分散して銀ダラとオヒョウを漁獲していきます。

一方で、日本の場合はどうでしょうか？　日本の場合は、混獲に関する意識は曖昧、というよりも真剣に考えられていないように感じます。そもそも銚子港（千葉県）では、サバの水揚げの際、小型の魚やさらにそれ以下の大きさの魚を「ジャミ」「ジャミジャミ」と表現することがあります。また、かつてサバの漁獲が枠を超えていた年に、サバ主体なのにアジを主体として、「混じり（混獲）」としてサバをカウントしているケースも聞かれました。日々の水揚げ内容を正確に報告することは欧米では常識ですが、日本では曖昧で、これまでさほど重要視されてこなかったのです。

2005年に摘発された英国でのサバの過剰水揚げは、裁判が長期にわたり、漁業者にはTAC削減という厳しいペナルティーが科されました。経済的に厳しい制裁を加えたことで、資源は厳格に守られ水産業は成長産業となっているのです。

各国のTACを漁業者が違反すれば、違反した漁船や冷凍加工業者は厳罰を受けます。そのため、我々日本のバイヤーも含め、世界中のバイヤーは、毎年発表されるTACの増減を踏まえて、設定されたTACの数量を厳粛に受け止めて、その年の相場を予想し、買付け戦略を考えるのです。VMSと自動計量器を義務づければ効果が現れることは、既にノルウェーや英国が実証済みなのです。

資源管理の難しさ

日本の水産業再興に資源管理が必須であることはすでに充分理解いただけたと思います。ここでは日本国内の二つの対照的な資源管理の例を見てみましょう。

2013年2月、資源量が悪化し漁獲が低迷していた青森県陸奥湾のコウナゴ（イカナゴ）漁が、同年春から禁漁になることが決まりました。陸奥湾湾口周辺海域イカナゴ漁業検討会で関係漁協が合意したものです。2007年から資源回復計画が実施され、漁期の短縮や操業隻数の制限などに取り組んできましたが、親魚の資源減少が原因で、2012年の資源量は1000万尾、と適正水準とされる3億尾を大きく下回りました。ここまで資源が減少すると、禁漁というより、資源が枯渇したために漁ができなくなったというのが実情だと思います。もっと早い段階で対策を講じるべきだったのです。資源が激減してしまった東シナ海の底魚や日本のうなぎ等と同様のパターンです。

イカナゴは、幼魚のシラスの段階ではチリメンや佃煮用、成長すると餌料用になる魚です。同地域では、1973年の約1万2000トンをピークに減少傾向が続き、近年では1997年の約2000トンが最高でした。2010年30トン、2011年9トン、2012年1トンと激減し、ついに禁漁となったのです。

一方で、同じイカナゴ漁でも、すでに大日本水産会によるマリンエコラベルの認証を受けている三河湾・伊勢湾（愛知県・三重県）では、陸奥湾（青森県）と状況が大きく異なります。当地では20年以上前から自主的に資源管理に取り組み、親魚を一定量残し、ルールを厳格化することで、資源を枯渇させることなく水揚げを維持しているのです。

しかし、ここまで辿り着くには苦労の歴史がありました。漁労機器や漁法の発達により漁獲量が飛躍的に増加したため、1978～1983年にかけて極端な不漁に陥っていました。危機感を抱いた漁業者は、お互いの立場を超えて合意形成を図り、翌年の親魚を残すために毎年20億匹を残存尾数として漁を終了する取り決めを実施し続けてきたのです。そのためルールは遵守され、実効性の高い資源管理を実現しています。

より効果が期待できる個別割当制度ではないものの、漁業を持続可能にするための必要な産卵群を残し続けることは、資源管理の基本です。このイカナゴのケースはノルウェーのニシンと同様に、早期に資源管理問題に取り組み、対策を実行に移して成果の上がった実例です。

同じイカナゴ漁で起こった陸奥湾と三河湾・伊勢湾の対照的なケース。なぜ同じ魚種なのに、これほどまでに資源回復計画の対応に違いが出てしまったのでしょうか？　陸奥湾でも傷が浅いうちに、三河湾・伊勢湾と同じような資源管理を実施していれば、今日のような事態にはなっていなかったでしょう。個々の漁業者によって異なる結果が出てしまうことに、それぞれの地域で様々な人たちによって行われている自主管理の限界を感じざるを得ません。

資源管理に対する様々な考え方があって当然です。重要なのは、漁業者の協力を得て科学的根拠をベースとする統一された資源管理を実施することです。日本には世界トップレベルの調査能力があるはずです。実際にEUや北欧では、より正確なデータを出して欲しいと、漁業会社は調査への協力を買って出ます。ノルウェーでは安定してイカナゴが獲れます（2012年4万4000トン）。国が国内の全漁場をまとめて管理しており、日本のように自治体によって資源管理の方法が異なるということはないのです。

再生プロジェクト・新潟県から始まる漁業改革モデル事業

日本の水産業は、世界の潮流から取り残されて衰退を続け、悲惨な状態が続いています。その姿は皮肉にも、「ガラパゴス化している」という言葉がぴったり当てはまってしまうのです。そのような日本で、資源管理の基本となる個別割当（ＩＱ）方式を採用して甘エビ（ホッコクアカエビ）の資源管理を始める画期的なモデル事業が、２０１１年から新潟で始まりました。

泉田裕彦新潟県知事からのトップダウンの指示の下、世界の資源管理及び日本の水産行政に詳しい小松正之・政策研究大学院大学客員教授が委員長となり、資源管理の重要性を認識し、甘エビのエビカゴ漁において、個別割当（ＩＱ）制度による資源管理を行うことが決定されています。新潟県の甘エビ漁は、沖合底曳網漁業とエビカゴ漁業に分かれ、両方の漁法が対象になることが望ましいのですが、今回はエビカゴ漁のみが対象になっています。新潟での甘エビの水揚げは、１９７０年代半ばから１９８０年代前半にかけては７００トン程度でしたが、２０１１年は４５３トンでした（図24）。

新潟県の甘エビにおける自主管理は、成長した個体のみ漁獲できるようカゴの網目を大きくする、夏場の操業を自粛する他、２日操業１日休漁、曳網回数を１日３回から２回に減らす、漁場のローテーション化等の施策が取られています。しかし、こうした管理方法では、漁が良い時には「できるだけたくさん獲りたい！」という意識が誰にでも

図24　新潟県甘エビ（ホッコクアカエビ）の漁獲推移

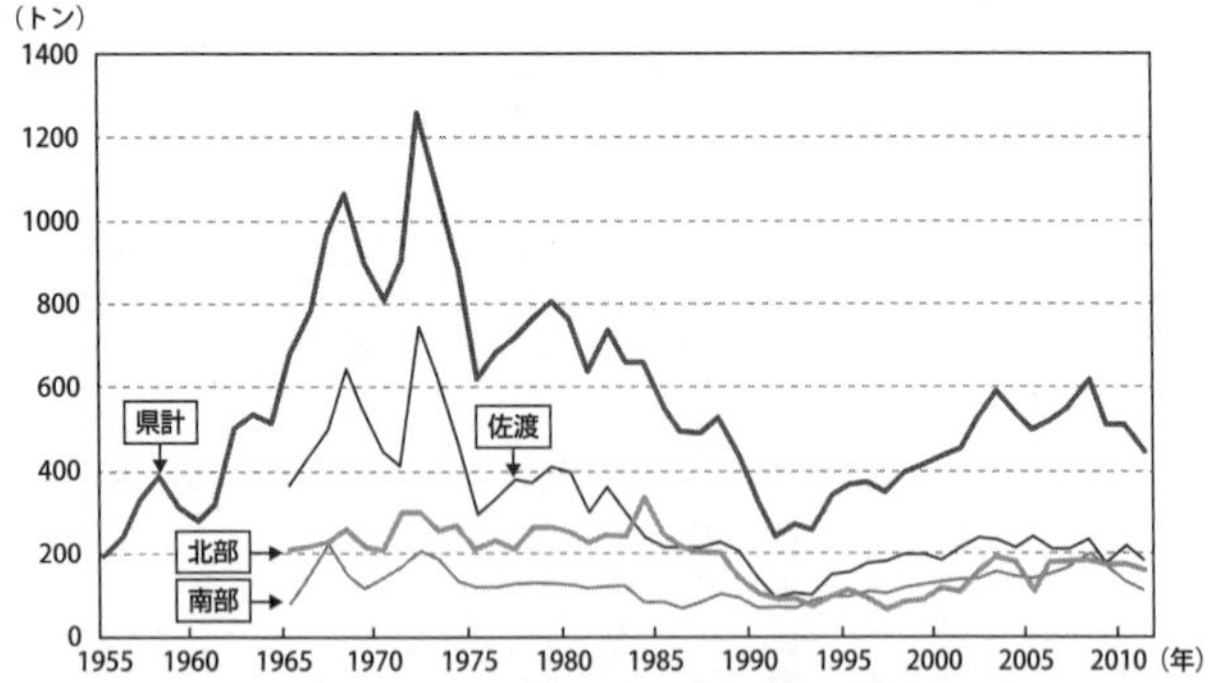

（出典：新潟県新資源管理制度評価・運営改善導入検討委員会資料より作成）

働くので、効果を上げるためには沖合底曳網漁業も対象として、総合的な資源管理の実現が望まれます。

２０１１年から実施されたこのモデル事業の検証のための第1回会議が、２０１２年に行われました。委員の一人である、新潟県えびかご漁業協会会長は「個別割当導入で良かったことが多い。枠が決められたことと漁期延長もあり、値段の良いときに頑張り、安いときに漁をやめたりできた」と評価する認識を示しています。

泉田知事は会議の冒頭、「資源管理をどう進めるか」「漁業者の所得をいかに上げていくか」の2点を強調しました。そして資源管理に当たっては「漁業者にリスクを押し付けず、県がサポートする」姿勢を改めて表明しています。

甘エビの個別割当を「県全体に早急に広げるべき」との意見が出ましたが、漁業者からは「上限枠を設定するのは死活問題」「漁場が狭く総量規制されると他魚種に影響が出る」と慎重な声が目立ちました。しかし、網目の大きさの規制など資源管理を強化していく方向性は一致しています。

中長期的には甘エビや魚を海に貯金することと同じですから、規制をして漁獲しなかった分は大きくなり価値が上がった状態で漁獲できるのですが、どうしても「獲る上限が決められ、我慢を強いられることに対する不満」が出てしまうのです。日本の水産業復活のためには、多くの成功例を漁業者に示していくことで、早期に理解者を増やしていかなければなりません。

漁業者のリスクは「収益納付」で解決

今回の検討事項で画期的な経営支援策の一つに「収益納付」というものがあります。個別割当（ＩＱ）制度の導入に合わせて、資源管理実施の初期の2～3年程度に資源回復と増大を目指して漁獲量の削減を行う場合、県はこれらの漁業者の漁獲量削減による収入減少に対して、補填または融資を行うというものです。

将来において計画通り資源が回復し、漁業者の収入が現在の水準を超えた場合、その分を対象として適切な割合を県に返還させるというものです。これにより万が一、資源が予想通り回復しなかった場合（あるいは規則が守られなかった場合）でも、漁業者に対するリスクはなく、積極的に資源の回復措置に参加できるのです。

漁獲枠（TAC）と個別割当（IQ）の決め方

学識経験者側では、情報の制約がある中で、試験研究機関が提供した、漁獲量・CPUE（Catch Per Unit Effort：単位〈漁獲〉努力量当たりの漁獲量）等のデータを分析し、現在の資源状態を評価しました。ベースの数量は、過去5年間（2005~2009年）の最大と最小を除いた3ヶ年の平均値を使用しています。

2011年からは資源調査を拡充し、稚エビを定量採集する調査を始めました。その結果、2010年生まれの稚エビの採集量が多く、卓越年級群である可能性が示唆されました。今後、稚エビの採集量から資源量を予想する技術を確立していく考えです。

卓越年級群の発生により、2014年に漁獲可能サイズ（4歳）になるものが、現在はほぼ全て小型のサイズであり、小型エビの供給増加で価格が低迷する可能性が予測されます。個別割当方式で過剰漁獲による大漁水揚げを回避し、エビを成長させてから漁獲すれば、価格が高い大型のエビが増え、中長期的に漁獲量は増えます。その過渡期には「収益納付」により将来につながる補助が行われることが期待されます。

これは決して捨て金にはなりません。将来への実りある補助金なのです。もちろん慢性的になどなりません。

資源管理されている水産物の販売支援

欧米では水産物の資源管理が、持続的なものになっているかどうかで、販売量が大きく増減します。これは、今後世界的な流れになっていく可能性が高く、日本も意識改革をしなければならない時期にきています。新潟県の委員会のメンバーには、実際の販売に携わる荷受業・量販店も加わっており、積極的な扱いが期待されます。このような持続的な取り組みをしている水産物を、他の同じ水産物より積極的に消費者に勧めていくことが重要です。資源管理の有無が販売動向に影響し、魚価に反映すると漁業者の姿勢は変わるはずです。また全国の荷受業者や量販店が持続可能な水産物の販売を優先する、もしくは持続性が危ぶまれている水産物の扱いを行わない、という方針を明確にすれば、漁業者の姿勢が変わり、最終的には資源が回復して価値が高い水産物が増えることで、水産業全体が潤う構造になるのです。

今回の新潟県の取り組みが、近隣の県そして全国へと波及していくことが期待されます。実際、石川県でも小型の甘エビの水揚げ量が増える徴候が見られます。

欧米のように日本の消費者が資源管理の重要性を理解し、量販店や飲食店も安価な小型の甘エビの仕入れを控えたり、同じ小型のエビでも資源管理を行っている新潟県のものを優先的に扱ったりするようになれば、直接収益に関わるため、必然的に近隣県も漁業者とともに魚種ごとの資源管理に能動的に、かつ真剣に取り組むようになるでしょう。

日本の水産業は、科学的根拠に基づいた資源管理を行えば必ず復活できます。日本の他県や、他の魚種で同様の取り組みが増えていくことを切に願っています。

ノルウェーに学び東北水産業を日本一に

2012年9月、ノルウェー大使館の協力を得て、同政府の招待で書類選考により選ばれた宮城県・岩手県の漁業、養殖業、加工業、漁協、流通、行政等の16名がノルウェー水産業の視察を行いました（「ノルウェー水産業に学び、東北水産業を日本一にするプロジェクト」プロジェクトマネージャー・宮城大学大泉一貫副学長）。参加者の平均年齢は35歳でした。東日本大震災の「被災地で漁業を営んでいた人、震災前から漁業に関わる業務に従事していた人、新しく漁業組織を作った人（これから作ろうと考えている人）、漁業・水産業振興に積極的な人、東北水産業の復興を成し遂げたい人、熱意のある20〜40代の若手漁業関係者が望ましい」というのが応募条件でした。

一行は、将来に役立てるべく、サバの水揚げ現場、巻網漁船、サケの養殖場、漁業協同組合、水産機器メーカー等の視察を精力的に行いました。同じ水産業であっても漁業・養殖・加工等とそれぞれ違う仕事をしているわけですが、「百聞は一見に如かず」で、皆さんノルウェーの水産業の現状と、日本の現状との違いに驚いていました。規模、効率、働いている若者の多さ、豪華な漁船、明るい雰囲気、ボタン一つでできるポンプでの楽な水揚げ、養殖魚の管理技術等、どれを取っても、日本とは比較にならないほど進歩している、と実感したようです。

筆者は20年以上水産業の現場を見てきた立場から、違った視点を持っています。ノルウェーは以前からこのように整っていたわけではなく、また現状は毎年発展を続けている途上にすぎず、現在もめざましい成長を続けているのです。さらに、20数年前は、ノルウェーも日本も大きな違いはなかったのです。しかし、日本では成長時計の針が止まってしまい、魚が減り、船の老朽化と高齢化だけが進み、地方がコミュニティごと衰退していくという最悪の状態に陥っています。一方で、ノルウェーでは魚が増え、若者が水産業に従事するので高齢化は問題にもならず、水揚げが安定しているため、水産業とともに町が栄えているのです。

これまで述べてきたように、全ては「科学的根拠に基づく資源管理」をしてきたかどうかに尽きるのですが、現場を目の当たりにした参加者が、今回の貴重な経験をもとに、これからより多くの人に伝えていくことを願って止みません。

日本の水産業の現状は、「旺盛な需要増加と水産物の供給増加」という、世界で水産業が成長している現実を知る立場からすると、見るに堪えない惨状です。ノルウェーにとって、日本は水産物の輸出先の最重要国の一つです。ノルウェーにしてみれば、日本で魚が獲れない方が、輸出量が増えるので商売面では良いかも知れません。水産物の輸入業者にとっても、国内の水揚げが少ない方が輸入水産物がよく売れます。しかし、日本の水産業が陥っている過酷な状況は、貿易云々《うんぬん》以前の深刻な状態です。この崖っぷちの状態と、その原因が正しく伝わっていないことこそが、日本の水産業にとって多大なリスクとなっているのです。

少し長いですが視察者の報告書から一部を要約して引用します。

「すべては資源保護（管理）から！　漁業者の考え方の違い。大型巻網船のブリッジ内、その中に赤く輝くモニターがあった。船長が『今日獲ったサバの魚群探知機の記録だよ』と教えてくれた。真っ赤！　赤い部分のサバが、モニターの半分を占めるほどだ。『これぐらいだと全体で1000トンくらいの魚だと思うけど、今日は半分の500トンを獲ってきたのだ』という。『漁に出て魚がいなかったことってないのですか？』と訊くと事もなげに『ないね』という答え。時期が来れば必ずサバは漁場にいて必ず決まった量（漁獲枠分）を漁獲できると信じて疑っていないのだ。大西洋で養殖しているようなもので、餌が要らない分もうかる。日本ならどうだろう？　漁師に『今日の漁の予想は？』と訊いてみたらどうだろうか？……。

ノルウェーの巻網船の船長にさらに問う。『もっと魚を獲りたいとは思いませんか？』、『それは……もっと獲りたいと思うけれど、漁獲枠がないと獲れないから。そういうルールだからね』。ノルウェー人でも獲りたいのだ。きちんとした国のルール作りができていて、守られる仕組みも有効に働いている。日本でも現場の漁師に任せるのではなく、国が戦略として取り組むべきことであり、それこそ政治の力でなすべきことであろう」

さらに報告書は続きます。

「自社の話をさせてもらおう。30数年前、近海のスケトウダラが大量に獲れ続けることが前提のビジネスモデルを完成。毎日200トンのスケトウダラが獲れ続ければ、巨大な利益を生むはずだった。しかし、三陸沖から魚が消え、北海道の魚に変わった。それでも獲れれば利益が上がった。しかし北海道の魚も2年で激減した。後に残ったのは、空の冷蔵庫と動かないプラント。生産量が想定の稼働率を下回った瞬間から製造業の悪夢の日々が始まる」

右記の内容は、恐らく多くの水産加工業者の人たちに当てはまるでしょう。しかしこれが日本の水産業の現状を表す典型的な事例なのです。

持続性なき日本の漁業

前述の、ある水産事業者のスケトウダラの例は、サバやイワシ、最近ではホッケと多くの激減した魚種にも該当するのではないでしょうか？　水揚げが増加している限り、右肩上がりに利益が出ます。日本の水産業は一定期間、非常に活況を見せていたのです。

しかし、ここには致命的な問題点が存在していたのです。それは持続性（sustainability）のなさでした。ノルウェーでも日本でも、漁業者が魚をもっと獲りたいと考えるのは至極当然です。前述の大型巻網漁船は、その日、魚群探知機に映っていた1000トン全てを獲り尽くすことは、技術的にも運搬能力的にも全く問題ありません。それでも漁獲を500トンに抑えています。さらに補足すると、この漁船自体が持つサバ枠が1900トンなので、TACの観点からも一度に1000トン獲っても何の問題もありません。

日本なら、物理的に問題なければ逃さず全部獲っていたことでしょう。漁獲枠が足りなくなれば、「魚がいるのになぜ獲らせないのか！　経営に影響したらどうしてくれるのだ！　漁獲枠を増やせ！」と大騒ぎになるはずです。

いかに水揚げ金額を増やすかが〝腕〟

またなぜ、先の「報告書」に紹介されたノルウェー漁船は、TACの範囲内なのに全部を獲らなかったのか？　それは魚価と品質を考えたからです。一度に水揚げがまとまれば、魚価が下がります。TACは厳格に決まっているので、「いかにたくさん獲るか」

が腕の見せどころではなく、決められた数量の中で、「いかに水揚げ金額を増やすか」が腕なのです。水揚げが分散することで、鮮度面でもより良い状態が保てます。そして加工場の稼働率・稼働日数も増加します。

この漁船がＴＡＣの数倍のサバを獲ることは、物理的には何の問題もありません。しかし絶対にそのようなことはしません。そのような違反を続けたら、魚が減って漁業が成り立たなくなることが明らかだからです。１９６０年代に資源が減った原因を乱獲と認識し、その痛手から学んでいるのです。水揚げする加工場には自動計量器が設置され、正確に水揚げ量が表示・記録されています。また、ＶＭＳが必ず漁船に付いているため、禁漁区で操業したり、それを内密に水揚げしても証拠がはっきりと残るので、誰もそのようなことはしません。全てきちんと公明正大に水揚げが管理されているのです。ここに日本の水産業との大きな違いがあります。

大漁旗を振って大漁を崇める文化、一つの資源を獲り尽くしても、次は別のターゲットに向かって、それも獲り尽くしてしまい、最後は獲る魚が全ていなくなってしまう。そして、その原因を乱獲よりも環境の変化として理解しがちな習慣。これらは、決して漁業者が悪いのではなく、長い間正しい情報の伝達と資源管理政策が機能していないことに起因しているのです。

筆者が漁業者の立場で、このままでは資源がなくなると分かっていたとしても、個別割当制度になっていない以上、魚を見つけたらできるだけ獲るという現状のやり方を変えることなどできません。もともと割当数量が多すぎて、かつ途中で増加させてしまうような漁獲枠（TAC）を設定したり、旬の美味しい時期まで漁を遅らせるなどの個別割当のルール（IQ・ITQ・IVQ）が実質的にない現状では抑制などできないのです。他の漁業者同様に我先にと漁獲しなければ、競争がある以上、すぐに経営が厳しくなってしまうのです。「このままでは良くないことは分かっているのだが……」と考える漁業者は多いはずです。これは「理想と現実」の話のようですが、ノルウェーなどには有効な政策があるために「理想」を実現させており、対照的に、日本は厳しい「現実」に直面するばかりなのです。

しかし、世界には見習うべきモデルはいくつも存在しています。グローバル化が進む現在、日本の漁業も世界標準に合わせていくべきなのです。

日本の漁業には高い潜在力がある

今回ノルウェー水産業の視察をした皆さんの感想の一部を改めて紹介します。

「資源を管理していけば儲かること。日本の漁業を守るためにはＴＡＣ（漁獲枠）が厳格に守られ、個別割当（ＩＱ、ＩＴＱ、ＩＶＱ）となっていることが必要と思います」

「忘れてはならないのは、水産業の一番の元となる魚介類の資源管理である」

「日本の基幹産業として漁業者を守り、資源を把握し目に見えるような資源管理政策を打ち出す」

「資源管理の法律の制定。現場の漁師に任せるのではなく国が戦略的に取り組むべき」

「漁業者自身も誇りを持って仕事に携わっていました。若者の漁業に対する意識も高く、将来漁師になりたいと願う憧れの職業であり、後継者不足で悩む日本との違いを切実に感じました」など。

筆者は、東北の水産業、いや日本の水産業が、今でも世界一になれる高い潜在力を持っていることを知っています。科学的な資源管理方法を取り入れ、個別割当制度を導入すれば、東北水産業を「日本一」ではなく「世界一」にすることも、そして日本の水揚げが再び世界一になり続けることも決して夢ではないのです。日本はかつて世界最大の漁業国だったのです。広大なＥＥＺ、豊かな海、高い技術はまだ残っています。需要の拡大が見込めるアジア市場にも隣接しているので、資源が回復すれば輸出の可能性も広がります。東日本大震災で甚大な被害を受けた三陸地区の復興には、水産業が欠かせません。

急がれる資源管理

先の宮城県・岩手県の水産業関係者の視察後、２０１３年１月には気仙沼市の菅原茂市長の呼びかけと同市主催で、水産関連の人たちを集めて、復興のためのノルウェー視察が実施されました。宮城大学ではノルウェーを訪問した人たちと連携を取り、実際に見てきたことを社会に発信していく考えです。[註1] ２０１３年８月には新潟県からのノルウェー視察団が続きます。

沿岸に面した被災地の復興には、水産業が欠かせないことは言うまでもありません。ところが、具体的なアクションを起こす際、すぐに直面する問題があります。それは政策を実行するための手がかりと正確な情報の不足です。

せっかくのノルウェーでの成功事例も、事実と異なって伝えられ、その間違った事実をベースに議論が展開されれば、良い方向に向かうわけがありません。日本の水産業においても同様です。だからこそ、実際の現場を知ることができる今回のようなプロジェクトは、大きな意義があるのです。視察参加者のコメントをもう少し紹介しましょう。

「実際工場に行ってみると本当に若い人たちがたくさん働いていました。彼らは1ヶ月仕事をして1ヶ月休むなど、誰もが望むような理想的な仕事のスタイルでした」

「獲り過ぎによる資源枯渇時、獲れない時代を乗り切ってきた資源調査・資源量の認識、漁獲量の適正管理・漁船の減船とライセンス譲渡の仕組みが物凄くマッチしていたため、今のノルウェーの漁業が成り立っていると各研修先で感じ取ることができました」

「ノルウェーの各企業の意識が、資源管理を常に念頭に置いているというのは驚くべきことです」

「獲れる上限が設けられていれば、成長の限界があるのではと考えてしまうが、視察先の船主は新造船から間もない船主ばかりで、数年後にはまた建造予定であると聞き、成長に限界が来ているという要素は見られなかった」

「実際に乗船してブリッジ（操舵室）を見渡すと、大型の魚群探知機、レーダー、潮流計等、全てが日本製であることに驚きました」

日本の水産業との意識の違い・問題点について気付いた記述が数多く見られました。まさに「百聞は一見に如かず」です。皆さんはそれぞれの現場に戻って以降、自分ができることについて真剣に考えています。

東北水産業の本当の強みとは?

被災した三陸の復興には、水産業が欠かせないことは言うまでもありません。復興の鍵は水産資源の回復です。三陸の強みとは何でしょうか? それは、世界3大漁場に接していることです。そこできちんと資源管理がされ、漁獲された水産物を使用して、国内外に販売できるようになれば、それが最大の強みとなります。

その強みを活かすための方策の一つが、ノルウェーをはじめとする個別割当方式です。特に水揚げの落ち込みが激しい沖合漁業に適合し威力を発揮します。震災の影響で、漁場や魚種が制限されたり、漁獲できなかったりと一時的に法的な漁獲制限が行われています。しかし「今年は魚がいるじゃないか」などと、呑気なことを言っている場合ではありません。魚は獲らなければ増えるのです。一時的な措置で獲らなかったからいるだけなのです。この間に回復した資源を守り、持続可能にしていくことが非常に重要です。

今のままでは同じことの繰り返しで、短期的に水揚げが増えても再び減ってしまいます。時間はありません。加工処理能力を超えても「大漁は良し」として獲り続けた結果、価値ある魚を加工するための処理が間に合わないため、餌用にせざるを得ず、魚の「がんがん」化が起こってしまうのです。言うまでもなく、個々でしっかり管理され、長年にわたり良い効果が持続しているやり方まで否定するものでは全くありません。ただ、自主管理に任せるのはごく一部の例外を除き、ほぼ無理なのです。

日本水産業復活へのシナリオ

先述した日本の水産業再興のための、いわば基幹となる三つの方策の他に、さらに取り組むべき事項を挙げたいと思います。

①水産エコラベルの導入

世界の水産物市場は、水産エコラベルがなければ市場から排除されていく傾向にあることをこれまで述べてきました。一方で、日本ではそのような意識は希薄です。ＥＵに続き、中国においても漁獲証明がない水産物は輸入できなくなる傾向が強まるでしょう。ＩＵＵ漁業の水産物も市場から排斥されてきています。資源管理されていない水産物は、市場から弾き飛ばされる傾向が、年々強くなる見通しです。

欧米では、米国のウォルマート、英国のセインズベリーといった大手の量販店が、水産エコラベルがついていない商品を扱わない方針を出しています。この流れは今後加速していく見通しです。水産エコラベルが付けられていない水産物は、どの市場に向かうのでしょうか。それがもし日本であったとしたら不名誉なことです。もっとも、日本が輸入する水産物の種類は膨大であり、アフリカやアジアの国々が、科学的根拠に基づく資源管理政策を打ち出すまでには時間がかかると思います。しかし、資源管理で後れを取っている国々でも、経済面が絡んでくると黙っているわけにはいきません。自由に水揚げした水産物だからという理由で、売れる国が年々限定され、価格が安くなるようであれば、やり方を変えざるを得ないのです。つまり少しでも高く売れるようにするためには、資源管理をせざるを得なくなるのです。

日本の水産物の販売を増やしていくためには、輸出は避けて通れません。しかし、輸出を増やすにしても、日本の水産物自体の持続性が認められないと、せっかくのビジネスチャンスの扉は閉ざされてしまうのです。世界の趨勢を感じ取り、個々の水産物の資源管理を、自主管理から国の管理に早急に変えていく必要があります。

その指標であり手助けになるのが、水産エコラベルの認証だと思います。それがMSCであっても、グローバルトラストであっても、米国のモントレー水族館のシーフードウォッチであっても、客観性と信頼性があれば問題はないのです。重要なことは、これまで自主管理で行って来た管理方法が、世界の基準から見てどう捉えられるか、ということです。実際に診断されると、様々な事実が浮かび上がってくるはずです。漁獲枠（TAC）がABCを超えているスケトウダラや、漁獲枠に対し実際の漁獲数量が大幅に少ない魚種についてどう指摘されるのか？ 世界では常識でも、昔ながらの日本の基準でしか資源管理を捉えていない人たちにとってはウロコになることでしょう。世界の業界関係者にとっても、日本の資源管理状況と水揚げ推移は驚きに値します。日本の水産業は、他国から指摘されて初めて問題点が分かるのかも知れません。

②売れる水産物を作る

美味しくない、もしくは美味しくなさそうな水産物に高いお金を出して買うような消費者はいません。筆者は世界中で水産物の商談をしていますが、市場の味や品質に関する要求は年々厳しくなっています。世界の水産物市場は年々拡大していますが、どんなものを売っても売れるかというと、そのような甘いマーケットはありません。動物性たんぱく質が不足し、サバやアジといった青物の巨大市場であるナイジェリア、ガーナ、カメルーンといったアフリカの市場でも、味について、特に脂ののりについての要望が出てきています。そしてそれは販売価格に反映されます。アジの場合、同じアジでも脂がのったオランダ産の方が、脂が少ないニュージーランド産より高く売られています。サバでは、アイスランド産のサバよりも、脂がのったノルウェー産や英国産のサバの方が評価されており、販売価格も異なっているのです。アフリカの水産物市場は廉価市場であり「価格が全て」という感覚は改めなければなりません。

最低評価を受けた日本

そんなアフリカ市場では、日本のサバの評価は、残念ながら「最低」となっているようです。理由の一つは脂ののりです。日本のサバは9~10月といった旬の時期には脂ののりが20~25%程度まで上昇します（第2章・図14）。一方、ノルウェーのサバは、同時期25～30％程度の脂肪分がありますが、1～2月の漁獲分は日本のサバの脂肪分とそれほど変わりません。ただし、日本の5～7月頃は5～10％と脂肪分は減少します。そういう脂肪分が少ない時期であっても、日本は魚がいれば漁獲して輸出しています。これが日本のサバの価値を下げている主な理由なのです。

日本人でもアフリカ人でも、美味しくない魚を食べさせられれば、その魚は買いたくなくなります。他に選択肢がなければ仕方がないと思うかも知れませんが、いずれにせよ、無理しては買わないでしょう。味の問題は、舌が肥えている日本の市場では顕著です。漁業者は、魚価が安いと嘆く前に、自分だったら高値で買う魚かどうかをよく考える必要があるのです。

日本では2008年に、水産物の一人当たりの消費量が肉に追いつかれ、そして抜かれました。その後もその差は広がっています。子どもたちは魚より肉を食べたがる傾向にあるようです。日本人が魚離れを起こしている理由の一つは、旬の美味しい魚以外の水産物を供給してしまっていることにあるのではないかと危惧されます。

一方で、美味しい旬の時期にのみ解禁し、脂がのったサバだけを供給し続ければ、品質が評価され引き合いが多くなり、販売価格も上昇していくことでしょう。漁獲枠を厳格に設定して、それを個別割当として漁船に配分し、生産時期は脂肪分が20％以上に達した場合に限れば、国内外の評価が高まるだけでなく、漁師は小型や産卵前後の脂がのっていない魚を狙わなくなるので、資源も回復して一石二鳥です。漁業者の自主的な漁獲管理に期待することは、問題の先送りに他なりません。

③日本の強みを最大限に活かす

日本は、一人当たりの水産物供給量（消費量）で54・5キログラム（2009年）と人口100万人以上の国では世界最大規模です。人口も2012年には1億2700万人と巨大な国内市場を持ちます。日本の量販店では、魚と肉の売り場はほぼ半々ですが、欧米の市場では肉の販売スペースの方がかなり広いのが普通です（例：英国では2対8程度）。

現在は海外のバイヤーと買付けで競合していますが、1980年代後半頃までは、エビでもカニでも魚でも日本以外の国の買付けはとても弱かったのです。しかしその後世界の水産市場は年々拡大し、初めはあまり分かっていなかった品質の違いも、徐々に理解するようになり、日本向けもその他の国々向けも品質の差がなくなりつつあります。

ＨＡＣＣＰ（危害要因分析に基づく必須管理点）、ＥＵ認可と、欧米が求める品質基準が高くなってきたため、それに合わせて出荷される水産物のレベルも高まっていることも背景にあります。

世界の水産物の需要が増え続けることで、日本の買付け影響力は年々弱まっています。日本の消費減退と、輸入量の減少が上手くバランスが取れているため、水産物の国内供給量が減っていることに気付いていないのです。国内市場は今後も、人口の減少などに影響されて、消費量は減少していくことでしょう。しかしこれから中国をはじめとするアジア諸国の水産物需要の増加が本格化すれば、加速度的に買付け環境は厳しくなっていきます。

合わせて長く続いた1ドル＝80円台（２０１２年）の超円高が、円安に振れてきていることで、たちまち輸入コストが上昇しています。将来中国の元が自由化され、変動幅が大きくなり「円安―元高」に振れるようなことになれば、現在、中国に世界中から水産物を持ち込んでいる委託加工が窮地に立たされることになります。人件費の上昇が続く中国で、為替まで大幅に円安に動くようなことがあれば、日本を顧客として加工を請け負う仕事は難しくなります。そこで中国は、自分たちで世界中から水産物を買付け、日本ではなく、中国の国内市場向けに販売する形に事業の重点を移していくことでしょう。そうなれば、日本への水産加工品の供給は減少します。とは言え、中国と争って買付けたものを日本で加工しようとしても、加工規模の違い・高コストでは競争に勝てないでしょう。末端市場はすっかりデフレに馴れてしまい、水産物の値上げには抵抗が出てくることが予想されます。このままでは、日本の加工業者は空洞化して撤退や廃業が増え、水産加工業者には加工するための原料が充分に供給されず、地方の産業がさらに衰退していくことも懸念されます。

ところで、今や水産王国となったノルウェーは、面積は日本とほぼ同じ38万平方キロメートルですが、人口が約500万人と少なく、意外に思うかも知れませんが、実質的に国内に鮮魚市場を持っていません。従って水揚げ後は、大半を冷凍して輸出していきます。一方、日本にはノルウェーにはない、巨大な国内鮮魚市場を持っているという強みがあります。日本の水産業の強みを発揮するということは、資源管理された国産の魚を機械化した高度な技術で加工し、国内外に販売していくことなのです。科学的な根拠をもとに、厳格な個別割当方式を適用して漁獲できる数量を漁業者や漁船ごとに決めれば、漁業者は自然と高い魚価を求めて水揚げ時期を分散する戦略を取るようになります。そうなれば、大漁水揚げで冷凍処理が追いつかず、鮮度が低下して餌料向けにせざるを得ないというケースはなくなるはずです。

そして価格が高い鮮魚市場用と食用向け冷凍比率を増やして、美味しい旬に水揚げを限定することで品質を向上させることができます。資源が回復し美味しい魚をベストのタイミングで供給することで消費者の購入意欲が上がり、結果的に安価な餌料向けの比率が減少して、平均魚価は上昇していきます。日本の漁業が抱えている「獲れない、売れない、安い」という状況を、「獲れる、売れる、高い」という状態に、「持続的」というおまけをつけて改革できるのです。

④マスコミは的確な情報提供を

日本の漁業制度の本質が見えにくい原因の一つに、マスコミの報道の仕方があると思います。水産業で成長している国々の科学者や関係者が読んだら、驚くであろう日本の新聞記事をよく見かけます。内容が間違っているわけではありません。「何がどう問題なのか」という情報がないことに大きな問題があります。いくつか例を挙げてみましょう。

「『新鮮揚がってます!!』ビリサバ（ゴマサバ）：5月25日と28日は中型巻網船がビリサバ（小型のサバ）を水揚げしました。28日は3隻が満船で200トン、単価は276円から100円。愛南漁協は10キロ単価で入札されるので、キロ単価10円は、最安値を更新です。価格を聞いた船長は『これじゃあ経費倒れ。平均250円はないと』と、渋い顔。行き先はほぼ養殖魚用の餌会社です。きょうの水揚げで冷蔵庫はいっぱいとの話しで、あすはさらに下がるでしょう。巻網の親方や船長は今晩休むか、ほかの魚を獲るため道具や漁場を変えるか、悩んでいます。漁師さんが獲った魚を何とか高値で売るよう、漁協もがんばっていますが、加工品にも鮮魚にもいかないビリサバは、高値で売れないのが現状です。」（水産経済新聞、2012年6月1日付）

この記事を読むと、「魚価が安くて大変だな。買う側ももっと漁業者を支えるために高く買ってあげれば良いのに、これでは漁業者が育たない！」と同情される方もいるかと思います。なかには、「なぜ安い小さなサバばかり獲れてしまったのだろうか？」と考える方もいるでしょう。たとえ船長が言っているキロ25円であっても、国際市場価格からするとあり得ない安値です。

実は、ここに日本の漁業の問題が凝縮されています。筆者のように日々漁業で成長を続ける国々と最前線で取引をしている者にとっては、漁業者が悲鳴をあげて「誰か乱獲防止の制度を作ってくれ！」「小さな魚は獲らなくてもいいようにしてくれ！」と救いを求めているような内容であり、「獲れない、売れない、安い」という最悪な状況を象徴している典型的な例です。しかしこれは、決して漁業者が悪いのではなく、資源管理が機能していないことが悪いのです。そしてそのことが社会的に認知されていないがために、報道も日本の水産業が抱える構造的な問題に斬り込むことなく、表層の情報が断片的に、かつ一方向からのみ伝えられることがほとんどなのです。

ウナギは幻の魚となってしまうのか

次に毎年話題になるウナギの例を見てみましょう。

２０１３年、土用の丑の日を前に、ウナギの稚魚の価格が１キロ２５０万円（！）を超えて暴騰しました。昨年は、ウナギの高騰で苦労する専門店、マダガスカルやインドネシア等の新たな輸入先の発掘……。「ウナギの稚魚不漁」で消費者を含めて多くの人々が影響を受け、次はどこから輸入するのか、ということが注目されるような報道が続きました。

このままでは今後もさらに稚魚の数が減り、ウナギは幻の魚となっていくことでしょう。稚魚が減った最大の理由は、環境の変化等ではなくこれまでの乱獲です。それが環境変化に原因があるのだろう、ということで厳密な検証がなされず、我々日本人が不漁で被害を受けているような印象になっているとしたら、それは大きな誤解です。

ＥＵはウナギの資源減少を懸念して２００７年に輸出規制を行い、米国も規制の準備に入っていると言われています。「ウナギ取引、米が規制検討、対象拡大なら日本に影響」という記事を見て、規制されるなら「今のうちにウナギを食べておこう」と考えるとすれば、いかがなものかと思います。なぜ規制がかかるのか、背景を考えて欲しいのです。

欧米が規制をかける理由は、資源保護・持続性の維持以外の何ものでもありません。ＥＵは規制を実施したもののまだ回復の兆しが出ていません。あまりに乱獲が進んでしまうと、資源の回復までに10年単位という長い年月がかかってしまうのです。それでも、将来のことを考えて規制を実施する国々と、問題を先送りにして何の判断も下さない国とでは、結果に否応なく違いが出ることは言うまでもありません。

ウナギ最大消費国・日本の責任

日本のウナギ養殖に年間で必要な稚魚は20トンと言われています。国内での水揚げ量は、ピークの1963年には約230トン獲れていたものが、2012年は10トンを割っています。不足分は輸入となりますが、密漁や密輸が横行する稚魚の輸入は、大半がアジア経由で、本当の出荷元が分からないケースが多いようです。

マリア・ダマナキEU欧州委員が2012年に来日し、日本政府と水産基本政策、水産資源の国際的管理、違反漁業対策等について意見交換を行い、国際資源管理の推進と違反漁業対策の強化に向けて、日本・EU間の協力を盛り込んだIUUの漁業問題への取り組みに関する共同声明に署名しました。

本来ならウナギの稚魚などは真っ先に具体的な魚種として話題になっても良さそうです。しかし、「中国で養殖されているウナギにEUからの密輸の稚魚が入っていないか?」「その稚魚の親ウナギを日本は輸入していないか?」といったことは話題にならず、世界各国で新たなウナギ生産地を探し回る勇姿が報道されているのを見ると、EU側の資源管理の主旨とその想いは伝わっていないな、とつくづく考えさせられます。

ＥＵは２０１０年から、輸入の際に正当に漁獲されたものであることを、輸出国が証明する「漁獲証明書」を要求しています。資源管理がされていない水産物は輸入できなくなり、市場から弾き飛ばされるのです。日本でも一部の魚種（メロ等）で漁獲証明が必要になりつつありますが、これはまだ特例に過ぎません。日本も正規ルートであることが証明されない場合は、ウナギの稚魚の輸入の是非を考えるべきなのです。

今後は、まだ規制の緩いアフリカや東南アジア等の国々に、稚魚の漁が集中することでしょう。価格が高騰すればするほど漁業者の数は増え、漁獲圧が増して、悪循環に陥っていくのです。背後にあるのは、最大消費国の日本です。何度も触れたように、米国やＥＵでは、資源管理ができていない水産物は、量販店やレストランで自主的に販売されなくなります。

一方で、日本は「うなぎが減った、消えた」とただ大騒ぎするのです。ＥＵ欧州委員が力説していたＩＵＵに関しても、売り場で話題になるようなことはほとんどありません。

サンマよお前もか

もう一つ例を挙げます。２０１２年のサンマの推定資源量は、１６０万トンと前年度の３割減と発表されました。本当は資源量減少の懸念や漁獲枠の削減が論ぜられるべきですが、話題の中心は、「ウナギに続き、サンマも高値?」「値段にギョッ!」と価格のことばかりが目立ちました。中国や台湾やロシアなどの漁船が、日本のＥＥＺの外で日本に来遊する前のサンマを大量に漁獲していることなど、話題にもなりません。世界の水産資源を取り巻く情勢は目まぐるしく変化しており、対処せねばならない問題は山ほどありますが、一般にはほとんど知られていないのです。

自国の資源管理の現実及びこれから起こり得る問題を正しく認識し、先を見据えた迅速な政策が不可欠です。そして報道に関しては、水産業の将来像を見据えた思慮があるものになることを願うばかりです。

実は２０１２年は、２０１０年に生まれたマイワシが成長して資源量が増大したので、資源回復の大チャンスの年でした。マイワシは１９７５年から水揚げ量が増え始め、１９８８年には４５０万トンを漁獲するまでになり、その後資源が急速に減少し、２００５年には3万トンまで減少していましたが、２０１２年には13万トンまで増えています。

しかしこうした資源量の急激な減少や回復の経緯について検証したり、あるいは問題提起を促すような指摘や報道は見られず、例えば「銚子港　水揚げ日本一へ大手！」「3年連続加入良好（3年連続で新年度に生まれた魚が群れに入った）、取り戻せるか、かつての盛漁」といった内容で、そこには「漁獲を適切に管理し、増加しつつある資源を獲り尽くさずに十分な量の産卵親魚が育つような適切な措置が重要」（『水産白書』2012年版）という意識は感じられません。

失敗の本質が正しく伝わっていないと、事態は改善どころか悪化に向かってしまいます。主因（乱獲）と、単なる一つの原因に過ぎないこと（環境の変化）が入れ替わってしまうと、効果のない対処法が施され、一向に良くならないのです。

求む！　将来への正しい報道

「銚子、水揚げ日本一連覇」「2000トンの大台突破。近年最多のボリュームに。小売店、加工場賑わす」「来た！　マイワシ境港　大漁旗掲揚早くも10回目」といった水産業界紙や各種マスコミの報道は、その時々の状況報道であっても、過去や将来を見据えた中長期的な見通しを念頭に置いたものではありません。

現実的には、どこかの港の水揚げが日本一になったとしても、昔のような活況を呈しているわけでもなく、何らかの魚の水揚げが久々にまとまり大漁だったとしても、翌年どころか明日の水揚げさえ分からないというのが、日本の水産業の現実です。

一方海外では、オーストラリア漁業管理庁（Australian Fisheries Management Authority＝AFMA）が、「クリスマスには持続性で」（国産水産物を選んで）というメッセージを発表しています。このような資源管理に関する報道をする同庁は、オーストラリアEEZ内の魚類資源のほとんどが持続性を十分に維持し、適切な資源管理を行っていると報告しています。

水産業で成長する欧米を中心とした国々の流通業界や消費者は、適正に資源管理がされていない水産物は、店に置かない、レストランでも出さない、消費者は買わない、といった資源管理に対する姿勢が明確で、社会的関心度も高いのです。

例えば、米国のオバマ大統領が、「絶滅防止のために規制が強化されているフカヒレを使ったスープを飲んだのではないか」という報道がされたことがありました。このような、日本では話題になりそうもない資源管理に関することが、世界ではニュースになっているのです。

では、日本の現状を改善する機運を高めるような、マスコミがすべき報道の形とはどのようなものでしょうか。要点の例を考えてみます。

「卓越年級群が発生して、資源復活の可能性があるイワシ。現在の資源量はAトン、漁獲をBトンに抑えてX年後に資源復活へ」

「獲らずに育て、X年後には水揚げ量増加を期待」

「小型マグロ　消費の自粛を」

「尖閣諸島・竹島周辺の水産資源は沿岸国の連携で共通の利益に。水産業を通じた対話を」

右のような「何を、どうすれば、どのように、良くなるのか」を明確にした報道が増えれば、乱獲で資源が減少している魚の消費を控え、本当の問題点に気付くことで水産業を見る目が変わり、環境の改善が期待されます。さらに、教育現場で使用されている教材で長年更新されていない水産業の内容が、世界の水産業の現状と比較されれば、先生方や子どもたちの関心も高まって活用され、日本の水産業を復活させる原動力の一つになるはずです。

必ず復活できる日本

これまで今後の展開に関する悲観的な見通しや解説を多くしてきました。改めて言うまでもなく、解決方法はあるものの問題は山積みで解決は容易ではありません。しかしその一方で見方を変えれば別の側面が見えてきます。キーワードは「輸出」です。日本の市場が縮小している反面、海外の市場が拡大を続けていることは本書で解説したとおりです。それは海外からの買付けが増えていることに他なりません。円安は、輸入や委託加工にとってはコストを押し上げる大敵です。しかし、輸出にとっては逆に強みになります。日本の加工業者は、品質評価や高い技術力を持つ一部の業者を除いて、海外の輸入原料を使用する加工では強みを発揮することが難しいですが、これが国内の水産加工原料を使用できれば、中国をはじめとする海外委託加工に対して、弱みが強みに変わります。加工する以上、水揚げ地での加工に地の利があります。

水揚げ地でできるだけ加工したものを輸出すれば、物流コストが大きく削減されます。また、中国を中心とするアジア諸国の人件費は経済の成長に伴い拡大の一途です。もともと安い人件費を使って手作業で加工できるというのが中国加工の強みでした。しかし、人件費が年々上昇することで機械化が検討されています。単純作業のための労働力確保も難しくなってきています。水産機械の製造は日本のお家芸です。水揚げされた水産物を機械化した生産ラインで加工して、中国をはじめとするアジア市場に輸出する。冷凍ではなく、生鮮の加工品や原料であっても、やり方次第では輸出も可能です。また欧米や南米からのデリバリーは地理的な問題で、日本の方が有利です。

こうして輸出という側面から分析していくと、弱みが強みに変わっていくのが分かります。ただし、中国という近い将来の最大の買付け競争相手を、最大の顧客にする戦略の鍵を握るものがあります。それが、「資源管理」なのです。全ては資源ありきです。資源管理をうまく行えば、輸出と国内市場という二つの巨大市場が後ろ盾となり、日本の水産業を復活させるための非常に高い潜在力となります。一方現状のままでは、中国やアジアの波に呑まれ、それこそ日本の水産業の衰退が加速するだけでしょう。

今、日本は大きな岐路に立っているのです。既に数多くの研究者や政治家が、科学的根拠に基づく資源管理を行うことが、日本の水産業を良い方向に変え、地方と雇用を再生させる方法だと気付いています。新しい取り組みの数が、確実に増えていくことを切望します。成功するための方法は、北欧、北米、オセアニア等の多くの国々で既に実証済みのものがほとんどです。それを日本に合う形で、資源管理の基本を忠実に守りながら、1魚種ずつアレンジしていけば良いのです。

本書では、様々な資料を取り上げ、具体的な数字とともに、実際に起こっている事例を数多く紹介・解説してきました。水産業を成功に導いてきた世界各国の最前線の情報を提供することで、まずは多くの読者に「えっ！　知らなかった」と現状を理解していただきたいと思います。そして日本の水産業を崖っぷちから救い出す処方箋を提示しました。日本の水産業に対する読者の皆さんの意識が変わり、水産業が全国各地を再生するための起爆剤となることを願って止みません。

註1
震災からの復興をめざし、世界に誇れる水産業を構築するための提言　宮城大学
http://jigyo.myu.ac.jp/311support/wp-content/uploads/2012/11/121109%E3%83%8E%E3%83%AB%E3%82%A6%E3%82%A8%E3%83%BC%E8%A6%96%E5%AF%9F%E6%8F%90%E8%A8%80%E6%9B%B83.pdf

おわりに

本書は、株式会社ウェッジのインターネットサイト『WEDGE Infinity』の連載「日本の漁業は崖っぷち」（2012年5月連載開始）をもとに加筆・改稿したものです。同社の月刊『WEDGE』編集部の大城慶吾氏の勧めで始めた連載は、各方面から多数の反響をいただき現在も執筆中です。

本書内でも解説したように、筆者は20年以上にわたって世界の水産業最前線で諸外国の水産業者と交渉を行ない、世界の水産業の歴史と現状を見聞してきました。筆者が得てきた海外の水産業についての情報は、残念ながら日本では一般にはほとんど知られる機会がありません。さらに日本の水産業についてすら、その現状は、広く、そして正しく知られているとは言えません。本書は、世界の中でポツンと取り残されてしまっている日本の水産業に焦点を当て、世界と比較しながら、客観的かつ具体的なデータを多く用いて、できるだけ分かりやすい解説を試みました。本書の内容は、筆者の経験と見聞をもとに個人的な見解を述べたものであることを申し添えたいと思います。

ここで、日本の水産会社の、海外買付けを行う一担当者である筆者が、こうした情報を執筆するようになったきっかけについてお話したいと思います。2007年に当時中学1年生だった長男が、夏休みの宿題で懸賞作文に応募することになりました。長男は筆者の話をもとに、「危機に直面している日本のサバ資源」という題名で作文を完成させました。その作文作成の過程で、筆者が長年経験してきた海外と日本の水産資源管理の実態とその歴然とした差異を比較すると、中学生にでも明確に日本の問題点が指摘でき、かつその内容を知った大人たちが、「えっ、そうだったの！」と驚く題材であることが分かったのです。その時、資料に使っていたのが、現在、三重大学生物資源学部准教授である勝川俊雄氏のサイトでした。そして、同氏のサイトに投稿したことがきっかけで知己を得た日本政策金融公庫の澤野敬一氏のご紹介で、日本の水産業を復活させることを真剣に考えている方々との人脈が、一気に広がることになりました。澤野氏には多くの貴重な資料もいただきました。

そしてこの1年、マスコミ、行政、研究者、水産市場関係者、NPO等の、多くの方々とお話する機会を得ました。そこで求められたのは、長年の海外での実務経験に基づいた具体的な情報と、対策のための戦略の提供でした。

本書には、北海道から沖縄に至る港町とそのコミュニティを、水産資源管理により復活・再生させたいという筆者の強い願いを込めています。復活・再生は、筆者が指摘した問題点を認識し、政策を実施していけば実現可能です。

冒頭で紹介した連載や本書の完成までには、これまで日本国内をはじめ、各国の関係者の方々にお世話になりました。

ノルウェー、デンマーク、アイスランド、英国、アイルランド、米国、カナダ、ニュージーランド、中国等で、筆者と同じように水産業の最前線での業務に従事している様々な方から話を伺いました。海外の関係者は皆一様に、日本の水産業の現状に対して驚きと同情、そして強い関心を寄せ、お互いの利害に関係なく多くの貴重な情報を提供してくれました。特にデンマーク・Skagerak Group 社の Christian Espersen 氏、ノルウェー水産物審議会（NSC）日本・韓国代表の Henrik V. Andersen 氏、ノルウェー産業科学技術研究所（SINTEF）の Jostein P. Storøy 氏、アイスランド・VSV社の Kristgeirsson Brynjar 氏、米国・Transpac Fisheries 社社長の Bill Court 氏の各氏には、資料の提供や各国の科学者の方々をご紹介いただきました。

日本国内では、特に政策研究大学院大学客員教授の小松正之氏、三重大学の勝川俊雄氏、筆者の勤務先元上司である川中道夫氏、小串俊昭氏、株式会社海洋総合研究所代表取締役の蓮沼啓一氏、魚食スペシャリスト検定主催・株式会社国際魚食研究所所長の生田與克の各氏から、多くの励ましとアドバイスをいただきました。この他にもこれまで数多くの方々から、賛同とともに勇気づけられるコメントをいただいてきました。本書の表やグラフの作成に当たっては、株式会社みなと山口合同新聞の川崎龍宣氏、株式会社水産通信社の川合一範氏に資料をご提供いただきました。

そして、『WEDGE Infinity』編集部・木村麻衣子氏には毎回インパクトある編集をしていただき、本書の基礎を作っていただきました。また本書の編集に当たっては、書籍編集部の藤木裕子氏に、より分かりやすくまとめていただき、世に出していただきました。以上のように実に多くの方々に支えられ、出版にこぎつけることができました。ありがとうございました。

最後に、週末は執筆に集中するため、黙々と資料とパソコンに向かっていた筆者を支えてくれた妻と家族に感謝します。

二〇一三年　盛夏

片野　歩

用語解説

ABC（Allowable Biological Catch：**生物学的漁獲許容量**）

持続的に漁獲可能量を定めるための科学的根拠として、対象魚種の資源評価に基づいて決定される生物学的に許容される漁獲量。

EEZ（Exclusive Economic Zone：**排他的経済水域**）

国連海洋法条約に基づいて設定される経済的な主権がおよぶ水域

HACCP（Hazard Analysis and Critical Control Point：**危害要因分析に基づく必須管理点**）

食品を製造する際に工程上の危害を起こす要因（ハザード：Hazard）を分析し、それを最も効率よく管理できる部分（CCP：必須管理点）を連続的に管理して安全を確保する管理手法

IQ（Individual Quota：**個別割当**）

漁獲枠（TAC）で設定された全体の漁獲量を、それぞれの漁業者に割り当てる方式。他に譲渡できない。

ITQ（Individual Transferable Quota：**譲渡可能個別割当**）

個々に割り当てられた漁獲枠を漁業者同士で譲渡できる方式

IVQ（Individual Vessel Quota：**漁船別個別割当**）

漁船ごとに割り当てられた漁獲枠を漁船と共に譲渡できる方式

TAC（Total Allowable Catch：**漁獲枠＝漁獲可能量**）

特定の魚種ごとに漁獲できる総量を定めることにより、資源の維持または回復を図る。漁獲枠のこと。この総量は、年ごとの資源量によって毎年変更する。

VMS（Vessel Monitoring System：**衛星通信漁船管理システム**）

GPS などの衛星情報を利用して漁船の位置を把握するシステム。

オリンピック方式：

自由競争の漁獲を認め、全体の漁獲量が TAC に達した時点で漁獲を停止させる方式

主要参考文献

『海の資源と国際法Ⅰ』小田滋　有斐閣　1971年
『海は誰のものか』小松正之　マガジンランド　2011年
『海洋開発の国際法』高林秀雄　有信堂高文社　1977年
『海洋の国際法構造』小田滋　有信堂　1956年
『聞き書き にっぽんの漁師』塩野米松　新潮社　2001年
『漁業という日本の問題』勝川俊雄　NTT出版　2012年
『日本の水産業は復活できる！』片野歩　日本経済新聞出版社　2012年
『日本の農林水産業』八田達夫・高田眞　日本経済新聞出版社　2010年
『領海制度の研究』高林秀雄　有信堂　1968年

『Hooked』 David Johnson completed by Jenny Haworth
Hazard Press　2004年

「魚食をまもる水産業の戦略的な抜本改革を急げ」水産業改革高木委員会
(社)日本経済調査協議会　2007年7月31日
http://www.nikkeicho.or.jp/Chosa/new_report/takagifish070731_top.html

「東日本大震災を新たな水産業の創造と新生に」水産業改革高木緊急委員会
(社)日本経済調査協議会　2011年6月3日
http://www.nikkeicho.or.jp/Chosa/new_report/takagifish110603_top.htm

MARINE RESEARCH INSTITUTE
http://www.hafro.is/index_eng.php
The Atlas of Area Codes and TACC
http://www.fishinfo.co.nz/clement/qms/content.html

日刊みなと新聞　http://www.minato-yamaguchi.co.jp/minato/
日刊水産経済新聞　http://www.suikei.co.jp/
日刊水産通信 日刊シーフーズ・ニュース
http://www.suisantsushin.co.jp/

【著者プロフィール】
片野 歩　かたの・あゆむ

1963年東京生まれ。早稲田大学商学部卒。マルハニチロ水産・水産第二部副部長。1995～2000年ロンドン駐在。90年より北欧を主体とした水産物の買付け業務の最前線に携わり現在に至る。特に世界第2位の輸出国として成長を続けているノルウェーには、20年以上毎年訪問を続けている。このほか中国の水産物加工にも携わる。

著書に『日本の水産業は復活できる！』(日本経済新聞出版社)、「ノルウェーの水産資源管理改革」(八田達夫・髙田眞著『日本の農林水産業』<日本経済新聞出版社>所収)がある。

魚はどこに消えた?
崖っぷち、日本の水産業を救う

2013年8月30日　第1刷発行

【著者】……………………… 片野　歩
【発行者】…………………… 布施知章
【発行所】…………………… 株式会社ウェッジ
〒101-0052　東京都千代田区神田小川町1-3-1
NBF小川町ビルディング3階
電話：03-5280-0528　FAX：03-5217-2661
http://www.wedge.co.jp/　振替：00160-2-410636

【装丁・本文デザイン】……… 笠井亞子
【DTP組版】………………… 株式会社リリーフ・システムズ
【印刷・製本所】…………… 図書印刷株式会社

※ 定価はカバーに表示してあります。 ISBN978-4-86310-113-5 C0030